配电农网
架空线路自动化应用

俞伟 刘斌 沈靖 /著/

吉林大学出版社

·长春·

图书在版编目（CIP）数据

配电农网架空线路自动化应用 / 俞伟，刘斌，沈靖著 . -- 长春：吉林大学出版社，2025. 1. -- ISBN 978-7-5768-3868-8

Ⅰ . TM727.1

中国国家版本馆 CIP 数据核字第 2024PH9416 号

书　　名　配电农网架空线路自动化应用
　　　　　PEIDIAN NONGWANG JIAKONG XIANLU ZIDONGHUA YINGYONG

作　　者　俞　伟 刘　斌 沈　靖
策划编辑　李承章
责任编辑　李承章
责任校对　陈　曦
装帧设计　树上微出版
出版发行　吉林大学出版社
社　　址　长春市人民大街 4059 号
邮政编码　130021
发行电话　0431-89580036/58
网　　址　http://www.jlup.com.cn
电子邮箱　jldxcbs@sina.com
印　　刷　武汉市籍缘印刷厂
开　　本　710mm×1000mm　1/16
印　　张　14.5
字　　数　220 千字
版　　次　2025 年 1 月　第 1 版
印　　次　2025 年 1 月　第 1 次
书　　号　ISBN 978-7-5768-3868-8
定　　价　88.00 元

版权所有　翻印必究

目 录

第一章 引 言 1
第一节 研究背景 1
第二节 研究目的和意义 2

第二章 配电农网架空线路概论 4
第一节 配电农网架空线路的定义和分类 4
第二节 配电农网架空线路的组成和结构 7
第三节 配电农网架空线路的设备和材料 10

第三章 配电农网架空线路的现状及问题分析 16
第一节 架空线路在农村配电网中的应用现状 16
第二节 架空线路存在的问题与挑战 21

第四章 配电农网架空线路自动化概论 30
第一节 配电农网架空线路自动化的定义 32
第二节 配电农网架空线路自动化的发展历程 33
第三节 国内外研究现状和发展趋势的现状 39
第四节 配电农网架空线路自动化的特点、优势和挑战 ... 49
第五节 配电农网架空线路自动化应用成功案例分享 54
第六节 配电农网架空线路自动化经验总结 68

第五章 架空线路自动化应用中的关键技术与挑战 71
第一节 架空线路自动化应用中的关键技术 71
第二节 架空线路自动化应用技术解析 96
第三节 架空线路自动化应用中的关键技术案例分享 99

第六章　配电农网架空线路自动化的建设 ……………… 103
第一节　配电农网架空线路自动化建设的必要性 ………103
第二节　架空线路自动化系统的规划与设计 ……………110
第三节　设备选型与部署 ……………………………………117
第四节　系统集成与优化 ……………………………………125
第五节　典型案例的效果与分析 ……………………………130

第七章　配电农网架空线路自动化应用 …………………… 136
第一节　架空线路自动化开关保护配置的应用 …………136
第二节　FA 在配电农网架空线路的应用 …………………141
第三节　基于人工智能的故障预测与隔离维护的应用 …146
第四节　其他高级拓展应用 …………………………………159
第五节　农村配电农网架空线路自动化系统的设计与实施 …166

第八章　配电农网架空线路自动化的运维 ………………… 174
第一节　架空线路自动化的具体运维措施 ………………174
第二节　架空线路自动化运维管理与优化 ………………186

第九章　配电农网架空线路自动化建设应用前景与展望 ……… 211
第一节　建设应用的经济效益分析 ………………………212
第二节　社会效益与环境效益分析 ………………………213
第三节　技术的应用优势与效果 …………………………215
第四节　实际建设中遇到的问题与解决方案 ……………218
第五节　建议和改进措施 …………………………………221
第六节　未来架空线路自动化的发展趋势与创新方向 …223

结　语 ……………………………………………………………… 226

参考文献 ………………………………………………………… 228

第一章 引言

第一节 研究背景

随着经济的不断发展，国家在配电农网架空线路自动化应用方面给予了良好的支持，相继出台了一系列政策文件和规划，鼓励和支持配电农网架空线路的自动化应用。这些政策包括对自动化设备的技术标准、质量认证、资金扶持等方面的规定，以促进设备的研发、生产和推广应用。国家向配电农网架空线路自动化应用提供了相应的资金支持。国家重视农村电力供应的改善，通过加强电网建设，提高农村配电农网的覆盖率和供电质量。各级政府通过财政补贴、专项资金等方式，对农村地区进行电网改造和升级，并投入资金购置自动化设备，实现农村电力供应的智能化和自动化。国家相关部门和电力企业积极开展对配电农网架空线路自动化应用技术的指导和研发工作，促进技术的创新和进步。同时，国家还鼓励企业开展自主研发并提供支持，推动自动化设备和系统的优化和升级。国家对配电农网架空线路自动化应用给予了政策、资金、技术支持，通过相关文件和规划、资金投入、技术指导和研发支持、推广示范项目以及产学研合作等方式，推动配电农网架空线路自动化应用的发展和推广。

政府重视农村电力供应的改善，将其列为重要的民生工程之一。通过推进配电农网架空线路的自动化应用，可以提升农村电力供应的质量、可靠性和稳定性，进一步满足农民对电力的需求，促进农村经济的发展。通过研究这一应用，可以为农村电力供应提供先进的技术支持，更好地满足农村电力需求。在传统的配电农网中，通常使用架空线路进行电能传输。而随着农村电力需求的不断增长，传统的人工运维方式已经无法满足农村电力供应的需求。传统的配电农网需要大量人力资源进行巡检和故障处理，这不仅费时费力，而且容易受到外界因素的干扰。通过架空线路自动化应用，可以实现对配电线路的远程监测、故障诊断和自动抢修等功能，提高电网的运维效率和可靠性。传统的架空线路容易受到外界因素（如灾害、动物、植被等）的影响，容易发生线路短路、断线等故障，给供电可靠性带来一定的威胁。但是借助智能化技术可以提高配电农网的管理效率和可靠性。通过架空线路自动化应用可以实时监测和诊断线路故障，提高故障处理速度。

配电农网是智能电网建设的重要组成部分。架空线路自动化应用可以实现对配电线路的远程监控、自动抢修等功能，为智能电网的建设提供技术支持。通过架空线路自动化应用，可以避免因故障导致的大面积断电，减少电力资源的浪费；同时，可以精确控制电力分配，实现节约用电，从而达到节能环保的目的。

第二节　研究目的和意义

研究配电农网架空线路自动化应用的目的是提高供电可靠性、降低运维成本、提升电力质量和推动农村经济发展，从而满足农村地区对电力的需求，促进农村现代化建设。

配电农网架空线路自动化应用的目的和意义主要体现在以下几个方面。

一、提高供电可靠性

架空线路自动化应用可以实现对线路的实时监测、故障诊断和快速抢修

第一章 引 言

等功能。通过自动化技术，可以及时发现并隔离线路故障，减少停电时间，提高供电可靠性，满足用户对稳定供电的需求。

二、改善运维效率

传统的人工巡检和故障处理方式效率低下，而且需要大量人力资源投入。而通过架空线路的自动化应用，可以实现远程监控、智能分析以及自动化的故障诊断和处理等功能，大大提高了运维效率，降低了人力成本。

三、实现智能电网建设

配电农网架空线路自动化应用是智能电网建设的重要组成部分。通过自动化技术，可以实现对配电农网的智能管理，包括负荷调节、优化配电方案、实时监测等功能，为智能电网的建设提供技术支持。

四、节约能源和环境保护

通过自动化应用，可以实现对电力分配的精确控制，避免电力资源的浪费；同时，通过快速故障处理和恢复供电，可减少停电时间，提高能源利用率，这有助于节约能源和减少环境污染，推动可持续发展。

五、促进乡村振兴

配电农网架空线路自动化应用的研究与实践，有助于提升农村电力供应质量和稳定性，改善农村生活条件，促进农村经济发展和乡村振兴。

配电农网架空线路自动化应用的研究目的和意义在于提高供电可靠性、改善运维效率、推动智能电网建设、节约能源和环境保护以及促进乡村振兴。这将为农村电力供应提供更好的保障，推动农村的经济发展和社会进步。

第二章
配电农网架空线路概论

第一节 配电农网架空线路的定义和分类

配电农网架空线路是指用于供电农村地区的电力分配系统中，采用架空导线作为电力传输的主要方式的一种电力线路。配电农网架空线路将高压电通过变压器降低电压并分配到农村各个用户的线路中。

根据电力传输的不同特点和环境条件，配电农网架空线路可以进行不同的分类。

一、棒线（或称硬线）

棒线是最常见的配电农网架空线路。它的特点是在支撑杆上悬挂直接连接的绝缘导线，常见的有单相线和三相线，适用于分布式散落的农村地区。棒线使用较粗的导线，通常由铜或铝合金制成，以支撑较大的电压和电流负载。它们被直接悬挂在支撑杆上，形成一条直线型的电力传输路径。在电力分配过程中，棒线通过变压器将高压电能降压，并分配给农村地区的用户。相对于其他类型的架空线路，棒线的安装和维护成本较低，适合于农村地区的分布式用电需求。棒线的结构相对简单，由支撑杆和直接悬挂的绝缘导线组成，容易设计、施工和维护。棒线可以根据农村地区分布的需要进行柔性布置，适应不同地形和硬件设施条件。棒线通过直接悬挂在支撑杆上的方式，能够更好地抵抗风力对线路的冲击，以上是棒线的优点。但是，棒线也有一些限制。由于棒线使用较粗的导线，其电流容量相对较低，不适用于大功率

第二章　配电农网架空线路概论

传输需求。棒线暴露在外，容易受到恶劣天气、临时性障碍物（如树枝）的影响，导致线路中断或故障。然而棒线作为最常见的配电农网架空线路，具有成本低廉、结构简单和适应性强的特点，适合于分布式散落的农村地区的电力供应。

二、集中式架空线路

集中式架空线路是在农村地区建设较为集中、用电负荷较大的场所所采用的架空线路类型。它通过较大容量的支撑线杆和相应的架空导线进行供电，能够满足农村集中用电的需求。集中式架空线路的设计主要考虑到以下几个方面：① 高负荷需求。集中式架空线路通常用于农村地区的集中用电场所，如乡镇中心、村庄或规模较大的农业生产区。这些地方的用电负荷通常较大，需要较大容量的支撑线杆和相应的架空导线来满足供电需求。② 提供稳定供电。集中式架空线路被设计为能够提供稳定、可靠的电力，以满足农村地区集中用电场所的需求。较大容量的线杆和导线可以承载更高的电流和电压，降低输电损耗，并确保供电的稳定性。③ 长距离输电。在一些农村地区，由于场所分布较为分散，供电距离较远，因此需要采用较长距离的架空线路来实现输电。集中式架空线路能够通过连接轴塔（角塔）或直线塔来支撑较长的线路距离。集中式架空线路的具体设计和规格将根据实际情况而定，包括用电负荷、供电距离、地形条件等因素。这种类型的架空线路可提供足够的电力，适应农村地区集中用电场所的要求，并确保供电的稳定性和可靠性。

三、环网架空线路

环网架空线路是一种形成环状回路，多用于较小范围的农村区域供电，具有较短的故障供电距离和较好的供电可靠性。环网架空线路通过连接多个电力配电站或变电站，形成一个封闭的环状回路。这种设计使得电可以从多个方向进入，以增加供电可靠性和灵活性。由于环网架空线路形成了一个封闭的回路，当出现线路故障时，故障点周围的用户可以通过其他路径接受供电，从而缩短了故障供电距离，提高了供电可靠性。环网架空线路的设计允许电力在环状回路中多条路径间流动，当某一条路径发生故障或维修时，仍然可以保证其他路径上的供电，从而提高了供电的可靠性。由于环网架空线路的特点，适用于覆盖较小范围的农村区域供电，如一个村庄或一个农业生产区。环网架空线路能够有效提高农村地区的供电可靠性，并减少故障对用户的影响范围。但需要注意的是，环网架空线路的设计和运行需要充分考虑系统的保护、调控和管理等因素，以确保供电安全和稳定。

四、改造架空线路

改造架空线路是对既有覆盖农村区域的架空线路进行改造升级，以提高电力供应的可靠性、质量和效率。改造可能包括导线更换、支撑结构加固、故障监测设备的安装等。在对架空线路进行改造时，需要考虑以下几个方面。① 通过更换现有的导线，如更换为新型的高导电性或绝缘性能更好的导线，可以提升线路的输电能力和耐候性，减少电能损耗，并满足更高的用电负荷需求。② 对于老化、腐蚀或结构不稳定的支撑结构，可以进行加固或更换，以确保其稳定性、坚固性和耐候性，这有助于提高线路的安全性和可靠性。③ 安装故障监测设备，如故障指示器、地线故障指示器等，能够及时检测和定位线路故障，并提供准确的故障信息，帮助运维人员快速排除故障，提高抢修效率。④ 在必要的情况下，可以采取措施改善线路的绝缘性能，如添加绝缘子、清洗绝缘子等，以减少绝缘故障的发生，提高线路的可靠性。⑤ 根据具体情况，还可以考虑其他改造和升级措施，如增加线路容量、调整线路布局、引入智能监测与控制系统等，以进一步提高电力供应的可靠性、质量和效率。

通过对既有架空线路的改造升级，可以有效改善农村地区的电力供应状况，提高供电的稳定性和质量，满足不断增长的用电需求。

根据不同国家和地区的电力标准和规范，配电农网架空线路的分类可能

第二章　配电农网架空线路概论

略有差异，以上仅是常见的一些分类方式。在实际应用中，根据具体的农村电力供应需求和地理环境等因素，也可能采用混合或其他形式的架空线路配置。

第二节　配电农网架空线路的组成和结构

配电农网架空线路的组成主要包括支撑结构、架空导线、绝缘子、转角杆/转角塔和地线等。这些部分通过合理的布置和安装，共同构成了电力传输系统，确保电能稳定地从供电端传输到各个农村用户。同时，这些结构和设备能够提供必要的电气隔离、支撑和保护功能，确保线路的安全运行和设备的长寿命。

一、支撑结构

支撑结构包括支撑杆、横担和绝缘子等组件，用于固定和支撑架空导线。支撑杆，也称为电线杆或电杆，是架空线路中常见的支撑结构。它通常由木材、金属（如钢铁或铝合金）等材料制成，并用于支撑架空导线的承重和固定。支撑杆有不同的类型和尺寸，根据需要和施工要求，可以选择合适的支撑杆。横担是固定在支撑杆上的横向构件，用于承载和支撑架空导线。它通常由强度高、耐腐蚀的材料制成，如钢铁、铝合金或纤维强化塑料等。横担的设计和安装位置应满足所需的机械强度和电力分布要求。绝缘子是用于支撑架空导线并防止电流漏失的绝缘设备。架空线路中的绝缘子通常采用玻璃、陶瓷或复合材料制成，具有良好的绝缘性能。绝缘子通过连接架空导线和支撑结构，防止导线因支撑结构的接地而发生电流漏失。这些组件共同构成了配电农网架空线路中的基本结构。它们相互配合，使得架空线路能够稳定地承载和传输电能，并确保线路的安全运行。

二、架空导线

通常采用铜或铝合金制成的导线,通过悬挂在支撑结构上进行电力传输。铜和铝合金具有良好的导电性能和机械强度。它们优点较多,比如:质量轻,铝合金的比重较小,相对于铜来说更轻,便于安装和维护;抗腐蚀性好,铝合金具有良好的耐腐蚀性,使得导线在各种环境条件下都具有较长的使用寿命;成本较低,相对于铜制导线而言,铝合金制导线的成本较低,有利于降低线路建设和运维的成本。在配电农网架空线路中,导线被悬挂在支撑结构上,形成线路网络。导线通过支撑结构的绝缘子进行电气隔离,以防止电流漏失和与支撑结构接触。导线的选择取决于具体的应用要求,包括电流负载、电压等级等因素。

三、绝缘子

在配电农网架空线路中,绝缘设备主要是用于支撑架空导线,并确保导线与支撑结构之间的良好电气隔离,以防止电流漏失。绝缘设备通常由玻璃纤维增强塑料(FRP)或复合绝缘子制成。这些绝缘材料具有良好的绝缘性能和耐候性,能够承受一定的机械负荷和环境条件。部分绝缘子也可以使用陶瓷材料制成,但在现代的配电农网中,使用复合绝缘子较为常见。复合绝缘子具有较高的机械强度和耐拉性能,能够承受较大的导线张力和风压力。相对于传统的陶瓷绝缘子而言,复合绝缘子质量轻,便于运输、安装和维护。复合绝缘子具有优良的耐候性和抗紫外线能力,能够在各种恶劣的户外环境下稳定使用。复合绝缘子在干燥、潮湿和污染等条件下都具有良好的绝缘性能,能够保持导线与支撑结构之间的电气隔离。

四、转向装置

在配电农网架空线路中,为了改变线路的走向和连接不同的线路段,通常会使用一些设备和结构,包括转角杆、铁塔和导线挂点等。转角杆(或称转角塔)是一种用于改变线路方向的支撑结构,通常由金属材料制成。转角

第二章　配电农网架空线路概论

杆需具有强度高、耐腐蚀性好的特点，可以稳定地承载导线，并使线路顺利转向。铁塔是一种用于支撑和固定架空导线的结构，特别适用于长距离输电线路以及交叉、分岔等复杂情况。铁塔一般由钢铁材料制成，具有较大的承载能力和稳定性。导线挂点（或称悬挂点）用于将架空导线固定在支撑结构上。它通常由金属夹具制成，可以确保导线与支撑结构之间的安全连接并保持一定的张力。这些设备和结构在配电农网架空线路中起到了关键的作用，能够有效地改变线路的走向、连接不同的线路段，并保持线路的稳定运行。它们通过合理的布置和安装，使得架空线路具备适应各种地形和工程要求的能力。

五、地线

在配电农网架空线路中，为了增强安全性和保护设备，通常会使用接地导线，并将其与架空导线平行设置。接地导线是一种专门用于接地装置的导线，它通常由铜或铝合金制成。接地导线与架空导线平行设置，这样就可以将系统的接地电阻降到较低水平，确保故障电流能够及时、安全地通过接地回路释放。通过接地导线能够保护设备免受过流和过压等异常情况的影响。在发生电力系统故障时，接地导线可以提供一条低阻抗路径，将故障电流快速引导至地面，以保护设备和人身安全。

接地导线的设置还有助于减少电磁干扰对周围设备和通信线路的影响。通过将电流引导到地面，可以减少电磁辐射和感应，提高信号传输的可靠性。

接地导线的正确设置和维护对于配电农网的安全运行和设备保护至关重要。它们与架空导线并行，并通过适当的接地设计，可以提供有效的故障电流引导和系统保护功能。

第三节　配电农网架空线路的设备和材料

配电农网架空线路的设备是用于输送电能和支撑电力传输的重要组成部分，它们是确保可靠供电的关键组成部分。这些设备包括架空导线、支撑结构、绝缘子、地线、接地装置、支架和夹具等。

架空导线是承载和输送电能的核心设备，通常由铜或铝合金制成。支撑结构用于固定和支撑架空导线，确保线路的稳定性和安全性。绝缘子用于将架空导线与支撑结构之间电气隔离，防止电流漏失。地线平行于架空导线设置，用于增强线路的安全性，通常由铝合金或镀锌钢丝制成。接地装置用于将架空线路接地，以确保电流正常返回地面。支架和夹具用于固定和连接架空线路的各个部分，确保线路的牢固性和稳定性。它们共同作用就是确保配电农网架空线路的安全、稳定和高效供电。设备的选择和配置应根据具体需求和相关标准规范，以确保线路的可靠运行和电力传输质量。

一、接地装置

接地装置用于将架空线路接地，以确保电流正常返回地面。接地装置包括接地棒和接地线等。接地棒是一种金属杆状的装置，通常由铜或镀锌钢制成。它被连接到架空线路或其他设备上的接地装置，通过与地面接触，提供了一个可靠的导电路径，使电流能够安全地流入地面。接地线也是接地装置的一部分，它通常由铜或铝导线制成，并与接地装置和接地棒相连。接地线的作用是将电流从架空线路引导到接地装置，进而将电流顺利导入地下，确保电流正常返回地面，减少电击和电气设备损坏的风险。接地装置的设计和安装需要根据具体的电力系统要求和安全标准进行。通过合理的接地装置布置和良好的接地系统设计，可以确保线路的安全运行、人身安全以及设备的安全性。

第二章 配电农网架空线路概论

二、支架和夹具

支架和夹具用于固定和连接架空线路中的各个部件，如导线与绝缘子的连接、绝缘子与支撑杆的连接等。支架和夹具通常由钢铁、铝合金等材料制成。这些材料具有坚固耐用、耐腐蚀性好的特点，能够承受架空线路运行中的机械负荷和环境压力。根据具体需求，支架和夹具的形状和结构也会有所不同，以适应不同的连接和固定要求。例如，电线夹是一种常见的夹具，用于将导线固定在绝缘子上。这些电线夹通常采用高强度的铝合金或钢铁材料制成，以确保导线在各种环境下的稳定运行和安全连接。支架和夹具的设计和安装需要考虑电力线路的负荷要求、环境条件和安全标准等因素。通过合理的选择和使用支架和夹具，可以确保架空线路的稳定性、可靠性和安全性。

三、终端和附件

终端和附件用于连接和保护架空线路的终端装置。这些设备包括绝缘套、压接线夹、嵌塞器、绝缘中间子等设备。绝缘套是一种用于保护架空线路终端装置的绝缘材料套管。它被用于绝缘终端装置及其相邻的导线和附件，以确保电流不会发生短路或漏电，同时也提供了保护终端装置免受外部环境影响的功能。压接线夹是一种用于连接导线和终端装置的设备。它通常由金属制成，能够将导线牢固地连接到终端装置上，确保电力的传输和连接的可靠性。嵌塞器被用于固定和支撑终端装置，并提供安全的绝缘效果。它通常由塑料或橡胶等绝缘材料制成，能够防止导线在终端装置内移动或振动，同时具有良好的耐电压和绝缘性能。绝缘中间子是一种用于连接和支撑终端装置的绝缘附件。它通常由瓷质或复合材料制成，具有优异的绝缘性能和机械强度，能够稳定、可靠地连接终端装置，并保护其免受外部环境的影响。这些终端和附件在架空线路中承担重要的连接和保护作用，确保终端装置的安全运行和可靠性。它们的设计和选择应根据具体的电力系统需求和安全标准进行。

配电农网架空线路自动化应用

以上是配电农网架空线路常见的设备,其具体使用和配置将根据线路的设计要求、环境条件、电力传输需求等因素决定。关键是确保这些设备符合相应的标准和规范,并进行适当的安装和维护,以确保线路的安全运行和稳定供电。

工程人员需根据具体的配电农网要求和设计标准来选择合适的材料。不同的材料和结构能够满足不同的电力传输需求,并确保配电农网的安全和可靠运行。同时,在使用这些材料时,也应遵守相应的安全规范和建设标准,以保证线路的安全性和可靠性。配电农网架空线路常用的材料包括以下几种。

(1)架空导线材料。常见的架空导线材料包括铜和铝合金。在配电农网中,铝合金导线被广泛应用,具有许多优点。铝合金导线具有良好的导电性能,虽然导电性能远远不及铜导线,但它的电导率仍然足够满足配电农网的要求。此外,铝合金导线相较于铜导线更轻便,具有较低的密度,因此在跨越较长距离或悬挂于较高支撑结构时,可以减轻线路负荷和支撑压力。

同时,铝合金导线与铜导线相比还具有以下优点。

①价格相对较低:铝合金作为常见的金属资源,价格较为经济实惠,使得铝合金导线在建设成本方面具备优势。

②耐腐蚀性强:铝合金导线表面通常进行特殊处理以增加防腐蚀性,使其能够在各种环境中保持良好的运行状态。

③适合长距离输电:由于铝合金导线自身质量较轻,其跨越长距离输电的能力优于铜导线,适用于配电农网中的输电主干线路。

铝合金导线作为架空线路的常见材料之一,在配电农网中得到广泛应用。它具有良好的导电性能、轻便性和较低的成本,可以满足较短距离或较低负荷的配电需求,并且能够适应长距离输电的要求。

(2)支撑结构材料。支撑结构通常使用木材、钢铁或铝合金。每种材料都有其特点和适用性。木材是传统的支撑结构材料之一,在某些情况下仍

第二章　配电农网架空线路概论

然被广泛使用。它具有低成本、易获得和较好的绝缘性能等优点。木材支撑杆相对简单经济，适用于一些低压配电线路或较短距离的支撑要求。钢铁是一种常见的支撑结构材料，具有较高的强度和耐久性。它能够承受较大的风荷载，适用于长距离输电线路或需要高强度支撑的场景。钢铁支撑结构在一些高压输电线路和复杂地形条件下使用较多。铝合金支撑结构具有轻质、耐腐蚀性好等特点。与钢铁相比，铝合金支撑结构质量较轻，能减轻支撑结构对线路的负荷，同时提供足够的强度和稳定性。铝合金支撑结构常被应用于高压输电线路中，特别是在需要抗风荷载和对线路质量有限制的场景。需要根据具体情况和要求选择合适的支撑结构材料。综上，木材适用于一些简单情况下的一种经济的支撑需求，钢铁和铝合金支撑结构提供更高的强度和耐久性，能够满足复杂环境和特殊要求下的支撑需求。这些材料在支撑结构的设计和建设中都有广泛应用。

（3）绝缘子复合材料。绝缘子用于保持架空导线与支撑结构之间的电气隔离。常见的绝缘子材料包括瓷质、玻璃纤维增强塑料（FRP）和复合材料。瓷质绝缘子是一种常见且历史悠久的绝缘子材料。瓷质绝缘子具有良好的机械强度、高耐压性和耐热性能，能够有效隔离架空导线与支撑结构，并承受线路张力以及环境影响。它在高压输电线路中应用广泛。玻璃纤维增强塑料是由玻璃纤维和树脂基料组成的复合材料，具有良好的绝缘性能和机械强度。FRP绝缘子相较于瓷质绝缘子更轻巧、耐久和抗腐蚀，适用于一些特殊环境或要求质量轻的线路。

复合材料绝缘子由不同材料的层叠组合而成，通常包括玻璃纤维、树脂和其他增强物质。复合材料绝缘子结构设计灵活，可以根据需要进行定制，具有优异的绝缘性能和强度，同时还具有轻量化和耐候性等优点。选择绝缘子材料应根据电力系统的电压等级、负荷要求、环境条件和安全标准进行评估。不同材料的绝缘子都各有优势和适用场景，灵活选择和设计合适的绝缘

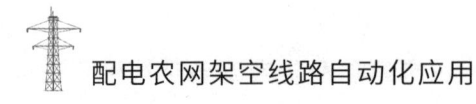

子材料有助于确保架空线路的电气安全性和稳定性。

（4）地线材料。地线一般采用铝合金或镀锌钢丝制成，具有良好的电导能力和耐腐蚀性，以满足地线的功能和要求。地线的主要作用是提供一条低阻抗的路径，将故障电流引导到地面，并确保系统的安全运行。选择合适的地线材料非常重要，它必须具有良好的导电性能和耐久性，能够承受正常运行和突发故障时的电流负荷，并抵御外界环境因素对地线的侵蚀。铝合金和镀锌钢丝是两种常见的可靠材料，广泛应用于地线的制造。

铝合金地线由铝合金材料制成，具有较高的导电性能和轻质特点。铝合金地线在电导能力方面与铜相比稍逊，但仍能满足地线的要求。此外，铝合金地线还具有良好的耐腐蚀性，能够在不同的气候和环境条件下稳定运行。

镀锌钢丝地线是使用钢丝表面进行镀锌处理的地线。镀锌钢丝具有良好的导电能力和抗腐蚀性，可以在多种环境下使用，特别是在一些潮湿、腐蚀性较高的地区。

（5）接地装置材料。接地装置常采用铜或镀锌钢制成，以确保良好的接地效果。铜因其优异的导电性能和良好的耐腐蚀性而成为常见的接地装置材料之一。铜的导电性能比较优秀，能够提供低电阻路径，有效地将电流引导到地面，确保接地装置的正常运行。此外，铜具有较好的耐腐蚀性，能够抵抗湿度、化学物质和其他环境因素对接地装置的腐蚀。镀锌钢是另一种常见的接地装置材料。镀锌是将钢表面镀上一层锌，可以提供良好的防腐蚀性。镀锌钢材不仅能够提供稳定和可靠的接地效果，还能够在潮湿、腐蚀性环境下保持良好的性能。无论是铜还是镀锌钢材料，它们都具有良好的导电性能和耐腐蚀性，适合用于接地装置。通过选择合适的材料，并合理设计和安装接地装置，可以确保电流正常返回地面，保障电力系统的安全运行。

（6）支架和夹具材料。支架和夹具在架空线路中常采用钢铁、铝合金或不锈钢等材料，以提供强度和稳定性，确保架空线路的安全连接。钢铁是一种常见的支架和夹具材料，具有较高的强度和稳定性。钢铁制成的支架和

第二章　配电农网架空线路概论

夹具能够承受架空线路运行中的机械负荷和环境压力,确保线路的稳定连接。铝合金也是常用的支架和夹具材料之一。铝合金具有较好的强度和轻质性能,能够减轻线路的负荷并提供稳定的连接。铝合金还具有良好的耐腐蚀性,可使电网在各种环境条件下都能保持稳定运行。不锈钢因其抗腐蚀性能而被广泛使用于架空线路的支架和夹具中。不锈钢具有优异的耐候性和抗腐蚀性,能够承受恶劣气候和高湿度条件下的使用,确保线路的长期稳定连接。这些材料在支架和夹具的设计和制造中都有广泛应用。选择合适的材料能够确保支架和夹具具备足够的强度和稳定性,满足架空线路的安全连接要求。根据具体的需求和环境条件,可选用钢铁、铝合金或不锈钢等材料来满足不同的工程要求。

　　(7)终端和附件材料。终端和附件常采用绝缘材料和可靠的导电材料,如塑料、橡胶等。终端和附件需要使用绝缘材料来确保电流在正确路径上传导,并防止发生对地或对其他导体的短路。常见的绝缘材料包括塑料(如聚乙烯、聚丙烯等)和橡胶(如硅橡胶、丁腈橡胶等)。这些绝缘材料具有良好的电绝缘性能,能够有效隔离电流,同时也具备一定的耐热、耐寒和耐候性,以适应不同的环境条件。连接部分需要使用可靠的导电材料来提供良好的电导通路。一般情况下,终端和附件会使用金属材料,如铜、铝等作为导电材料。金属具有良好的电导性能,能够确保电流的正常传输,并能够承受一定的负荷和环境压力。终端和附件的设计和制造需要综合考虑电气、机械和环境因素。选择合适的绝缘材料和可靠的导电材料能够确保终端和附件的安全连接和良好的功能运行,从而保障架空线路的稳定和可靠运行。同时,为了满足技术规范和安全标准的要求,终端和附件的制造应符合相应的标准和认证要求。需要注意的是,具体材料的选择取决于线路设计和实际运行要求,包括环境条件、预期负荷、杆塔高度等。在使用这些材料时,必须符合相关的标准和规范,确保线路的安全运行和供电质量。

第三章
配电农网架空线路的现状
及问题分析

第一节 架空线路在农村配电网中的应用现状

当前农村配电网中，架空线路仍然是主要的配电方式之一。架空线路是指将电力线路悬挂在电杆或电塔上方，通过电杆、导线和绝缘子等构件进行支撑和绝缘。相较于地下电缆，架空线路的安装成本更低。架空线路的安装相对来说比较简单，不需要进行地挖、铺设等复杂的施工过程。只需要安装支撑结构（如电杆或电缆塔）和悬挂导线即可。这使得安装过程更加快捷且成本效益较高。架空线路所需的材料相对便宜，如导线、绝缘子、支撑结构等。相比之下，地下电缆涉及埋设管道、保护层等多个环节，其中的材料成本较高。因此，架空线路在材料成本方面更具优势。架空线路易于巡视和维护，可以通过目视观察和简单的操作就能发现和处理故障，减少维护和检修的人力和物力成本。而地下电缆一旦出现故障，需要进行挖掘、定位和维修等复杂的操作，工序烦琐且成本高。架空线路的安装和更改相对灵活，易于根据需求进行扩展或调整。如果需要增设新的电力或通信线路，只需要增加支撑结构和悬挂导线即可。相比之下，地下电缆的增加或更改需要进行复杂的土建工程，成本较高且时间相对较长。尽管架空线路安装成本较低，但与之相关的维护和运行费用可能会略高于地下电缆。例如，架空线路易受天气条件的影响，需要进行适时的维护、清理和修复。而地下电缆由于受到地下

第三章　配电农网架空线路的现状及问题分析

环境的保护，可以降低这方面的维护成本。因此，在具体应用中，需要综合考虑经济性、环境条件和可靠性等因素来选择合适的输电方式。

农村地区往往需要覆盖较大的面积，而架空线路能够提供相对廉价的供电方案。架空线路的设备结构简单，易于巡视和维护。例如，巡视人员可以通过视觉观察，检查支撑结构的稳定性、绝缘子的完整性和污染情况等，及时发现并处理线路异常情况，提高供电可靠性。维护工作包括清理绝缘子表面的污染物、调整线路的张力、更换老化或损坏的设备等。这些操作相对直观简便，可以有效提高架空线路的运行可靠性和安全性。经过多年实践检验，架空线路被证明在农村地区具备较高的安全性和可靠性。而且，在线路故障发生时，修复和提供紧急供电也更为迅速方便。

架空线路的应用现状具体体现在以下几个方面。

一、覆盖范围广泛

架空线路广泛应用于农村地区的配电系统中，包括较大的农田区域、农村居民区以及农村企事业单位等。这是因为架空线路相对于地下电缆而言，安装和维护成本低、易于修复，适用于覆盖范围广阔的农村区域。架空线路通常用于为农田提供电力供应。农田广阔，要实现电力覆盖，架空线路是一种经济、高效的选择。架空线路可以沿着农田的边界或通过支撑杆塔等方式进行布置，为农田中的水泵、灌溉设备、动力机械等提供稳定的电力。在农村居民区，架空线路通常是主要的配电方式。架空线路可以搭建在电线杆上，以低成本、高效的方式将电能输送到农村居民家庭。架空线路还容易维护和修复，方便当地维护人员进行日常的检修和维护工作。许多农村地区的企事业单位也采用架空线路作为主要的配电方式。这些单位可能涉及工业生产、商业业务等，对电力的需求较大。架空线路可满足大范围的供电需求，并且在故障发生时更容易定位和修复，有助于保证企事业单位的正常运行。总体来说，架空线路相比于地下电缆，具有安装和维护成本低、易于修复的优势。

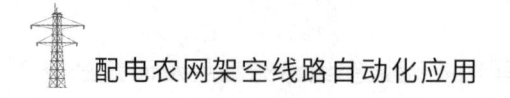

它适用于覆盖范围广阔的农村地区，为农田区域、农村居民区以及农村企事业单位提供稳定可靠的电力供应。

二、供电可靠性高

架空线路具有供电可靠性高的优点，能够适应不同气候条件下的工作环境，具有良好的抗风雨和抗外力的能力。对于农村地区来说，由于农村地势较为开阔，架空线路能够更好地满足长距离供电的需求，提供稳定可靠的电力供应。以下通过一些例子来说明架空线路在农村地区的应用优势。

（1）抗风雨能力。架空线路设计和建造时考虑到了抗风雨的要求。电线杆和杆塔通常采用坚固的结构材料，以支撑线路并抵抗风力。绝缘子和导线选择合适的材料，能够抵御湿度和降雨等恶劣天气条件的影响。

（2）抗外力能力。架空线路具备一定的抗外力能力，例如能够承受树木倒伏、树枝破坏等情况。为了提高耐力，架空线路采用了强化的结构和加强的绝缘层。

（3）适应农村开阔的地形。农村地区往往地势较为开阔，存在较长的供电距离需求。架空线路能够覆盖长距离，通过设置支柱和杆塔来支撑线路，从而提供稳定可靠的电力供应。

（4）易于检修和维护。架空线路的设备配置相对简单，易于进行日常检修和维护。农村地区通常拥有较少的供电设备，架空线路供电系统更容易维护和修复，在故障发生时能够快速定位和恢复供电。

（5）可视性和可访问性。架空线路易于观察和检查。线路设施悬挂在电杆或杆塔上，便于工作人员进行目视巡视，发现任何潜在的问题。此外，由于线路可见且易于接近，工作人员可以快速定位故障，减少检修时间。

（6）容易适应复杂环境。农村地区可能存在森林、山谷、湖泊等复杂的地形和地貌。架空线路的灵活性和适应性使得其更易于穿越这样的复杂环境。相比之下，地下电缆要在地下铺设管道，受限于地形条件和土建工程的

第三章　配电农网架空线路的现状及问题分析

影响，给巡检和维护带来更多困难。

（7）快速维修和恢复。架空线路的容错性较高，发生故障时更容易定位和修复。工作人员可以通过简单地更换或修复故障的部件，快速恢复供电。而地下电缆的维修则需要进行挖掘、管道修复等复杂的操作，耗时更长。

（8）降低维护成本。相对于地下电缆，架空线路的维护成本较低。地下电缆的维护需要大规模的地面开挖和复杂的维修工序，费用较高。而架空线路的维修工作相对简单，并且需要的设备和材料也比较常见和易获取，成本较低。

总而言之，相对于地下电缆，架空线路在巡检和维护方面具有明显的优势。它的可视性和可访问性使得故障检查更加便捷，能够及时发现并解决潜在问题，提高电网的运行可靠性。而架空线路快速维修和低维护成本的特点也减少了停电时间和维护成本，进一步提升了供电质量和经济效益。

以下举几个农村电网的实例。

（1）农村低压配电线路。农村低压配电线路一般采用架空线路的形式进行电力传输。这些线路常见于乡村、农田以及农民家庭周边，用于为农民提供电力供应。它们通常由木质或钢铁电杆支撑，具备可靠的输电能力和较低的维护成本。农村低压配电线路作为农民用电的主要来源，为他们提供了迅速有效的电力供应。同时，该类型线路相对成本较低，能够适应农村地区的经济情况和实际需求。这有效推动了农村电力基础设施的发展和农村经济的改善。

（2）农村中压配电线路。农村中压配电线路一般使用纵担架空线路，用于将高压输电线路上的电能降压到适合农村使用的中压级别。这些线路的设备结构相对复杂，除了支撑结构和导线外，还包括绝缘子串、跳线等元件。这些元件共同协作，确保电力的安全传输和可靠供应。绝缘子串通常由多个绝缘子组成，采用陶瓷材料或复合材料制成，具有良好的绝缘性能和抗污闪能力。农村中压配电线路上的绝缘子串用于隔离导线与支撑结构之间，防止电流短路和漏电。

跳线是连接导线与绝缘子串之间的导线，其作用是引导和平衡电流分布，避免过流现象，保护主要导线不受雷击等因素的影响。农村中压架空线路通常经过农田、乡村建筑等地区传输电力，将电能从变电站输送到各个终端用户。由于农村地域较为广阔，线路的传输路径可能会经过较长的距离。农村中压配电线路的建设对于农村地区的电力供应至关重要。它们可以将高压输电线路上的电能进行降压处理，以适应农村环境和电力需求。这些线路的复杂设备结构和合理布局，可确保电力在农村地区的可靠输送，为农民家庭和乡村经济的发展提供必要的支持。

（3）农村主干线路。农村主干线路是农村配电网的重要组成部分，它连接着变电站和各个配电变压器。这些主干线路通常采用较高的电压等级，以减少输电损耗。在农村地区，这些主干线路一般为架空线路形式，便于维护和检修。在农村地区，村主干线路一般采用架空线路形式。相较于地下电缆，架空线路更便于维护和检修。巡视人员可以通过视觉观察，发现线路上潜在的问题，并进行及时的维护和修复，保障电力供应的连续性和可靠性。架空线路具有灵活性，可以根据需求进行扩展和调整。当需要增加新的变压器或者变电站时，只需增加架空线路的支撑结构和导线，无须进行烦琐的地下施工过程。相比于地下电缆，架空线路的维护成本相对较低。维护人员可以较为容易地接触到设备，并进行检查、维修和更换。此外，架空线路的设施不易被埋藏和损坏，减少了维护成本和时间成本。

（4）架空线路的分区。为了提高电网的可靠性，农村配电网中通常会将架空线路分成不同的配电区域，确保一旦发生故障，只影响局部区域，不会大面积停电。每个配电区域都由独立的架空线路供电，以确保农村用户的用电安全和可靠性。配电区域划分通常根据电网规模、用户分布、供电可靠

第三章　配电农网架空线路的现状及问题分析

性要求等条件制定,并以合理均衡供电为目标。一般来说,会考虑农村地区的居民分布、农业用电需求、工业园区及乡镇用电需求等,确定各配电区域的范围和供电负荷。通过将架空线路分配至不同的配电区域,当某个区域出现故障需要停电维修时,其他区域仍能正常供电,减少了停电影响的范围和时间。这使得农村用户的用电可以得到更可靠的保障,也减少了因故障停电带来的不便和损失。每个配电区域都有自己独立的架空线路供电系统,通常包括村主干线路、支线和终端用户连接。这样的设计可以大大降低发生故障的影响范围,并提高整个配电网的抗干扰能力。配电区域的划分使得故障排查和维修更加简明快捷。当发生故障时,维修人员可以迅速定位问题所在,只需要针对受影响的区域进行维修工作,而无须停止整个电网的运行。

总体而言,农村配电网中架空线路仍然是主要的输电方式,由于农村区域较为广阔、资源有限,使用架空线路更具经济和实际意义。当然,随着技术的不断发展,地下电缆逐渐在农村配电网中得到应用,但架空线路仍然占据重要地位。同时,在进行架空线路的应用时,还需充分考虑研究新的技术和方法,以充分发挥架空线路的优势,并解决其存在的一些问题,如可能受到恶劣天气条件的影响、易引起接地故障等。只有综合考虑各种因素,并进行科学合理的规划,才能更好地利用架空线路在农村配电网中的应用潜力。

第二节　架空线路存在的问题与挑战

虽然架空线路在农村配电系统中具有许多优势,但是在应用的过程中传统架空线路也面临一些挑战和问题,例如,线缆断裂、支撑结构松动等问题可能会导致人身伤害或电力故障。架空线路暴露在空气中,容易受到外界环境因素的干扰,如雷击、覆冰、树木倒塌等。这些因素可能引发线路短路或故障,影响供电质量。这些影响主要体现在以下几个方面。

配电农网架空线路自动化应用

一、安全隐患

由于架空线路架在空中，存在一定的安全风险。例如，在强风暴或自然灾害发生时，电线杆或杆塔可能倒塌，导致供电中断甚至事故。此外，人们可能触碰到高压线，造成电击事故。为确保人身安全，我们应该始终保持警惕，并遵循以下几点建议。

（1）不要接近电线杆或杆塔：避免在电线杆或杆塔周围活动，尤其是在恶劣天气条件下。

（2）避免触碰高压线：高压线具有致命危险，请远离并避免触碰电线。即使电线看起来不带电，但不代表它们已经断电，请务必保持足够的安全距离。

（3）注意天气条件：在将要出门或活动时，请留意天气预报，并避免在恶劣天气下进入架空线路区域。

（4）遵循相关指示和警告：遵循供电公司、政府机构或相关安全机构发布的安全指示和警告，以确保自己的安全。

保持警惕、遵循安全建议和避免接近电线杆和杆塔，将能够减少潜在的安全风险。在遇到任何电力设施问题或紧急情况时，请及时与供电公司或应急服务机构联系。

二、影响美观和景观

架空线路为了覆盖较大的范围，可能需要穿越农田、村庄、风景区等不同的环境，这可能对地貌和景观产生一定的影响，破坏了一些地方的美感和观赏性。对于要求保护自然环境和特殊景观的地区，人们可能更倾向于使用地下电缆。架空线路在通过农田、村庄、风景区等不同环境时，对地貌和景观产生的影响可能有以下几个方面。

（1）视觉影响。架空线路的支架、电缆和导线等设备会在景观中形成一种视觉上的干扰物。这些设备通常是金属结构，与自然环境形成鲜明的对

第三章　配电农网架空线路的现状及问题分析

比，可能破坏了原本的美感，尤其当线路穿越自然风景区或文化遗址等特殊地区时，对景区的观赏性造成一定的影响。

（2）地貌改变。为了安装架空线路，可能需要挖掘土地、放置支架和埋设电缆。这些工作可能会导致地表被破坏或改变，包括土壤的移动、草地或农田的破坏等。这些地貌改变可能破坏了农田、村庄或风景区的原貌。

（3）生态环境影响。架空线路的建设和运行可能对当地的生态环境产生影响。例如，支架和导线可能会在树木上形成物理障碍，影响植物的生长和破坏动物栖息地。此外，电磁辐射、噪声和光污染等问题也可能对当地生态环境产生一定影响。

以上仅列举了一些可能的影响，具体的影响取决于架空线路穿越的特定环境和地理条件。在规划和建设过程中，供电公司通常会进行环境评估，并采取必要的措施来减少不利影响，同时与相关机构和社区进行沟通和协商。

三、抗灾能力

架空线路易受自然灾害（如暴风雨、冰雪灾害）和人为破坏的影响，容易出现故障。这可能导致供电中断时间较长，对农村地区的电力供应产生负面影响。因此，需要加强架空线路的设计和建设，提高其抗灾能力。

（1）自然灾害影响。暴风雨、强风、冰雪灾害等自然灾害可能导致电线杆或杆塔倒塌、导线断裂，绝缘物受损等问题。极端天气条件下，如大风、冰雪覆盖、雷击等，导线容易断裂。当导线断裂时，电流无法顺利传输，会引起电力中断。自然灾害可能导致绝缘物（如绝缘子）受损，降低绝缘性能，从而造成电力故障。绝缘物的受损可能是由高风速、坠落物撞击或冰雪覆盖等原因引起的。自然灾害可能导致游离负荷（如树木、建筑物等）的破坏，这可能对电力设施造成冲击，导致电力故障和中断

（2）人为破坏。恶意破坏、盗窃电缆、非法接入等人为因素也是架空线路故障的常见原因。这些行为可能导致供电中断，并且需要额外的时间和

资源来修复和恢复电力供应。

恶意破坏架空线路包括故意损坏杆塔、支撑结构、绝缘子等，或者制造短路等破坏行为。这些破坏行为可能会导致线路中断，造成供电中断。

盗窃电缆是一个严重的问题，在架空线路中，盗窃者可能会割断电缆并将其拆除，从而导致线路中断和供电中断。这种盗窃行为不仅导致供电中断，还会给电力公司带来额外的时间和资源成本来修复线路和恢复电力供应。

非法接入是指未经授权的个人或机构在未经许可的情况下连接到架空线路，以获取电力服务，例如盗用电力或非法连接后进行非法操作。非法接入可能会引起电力供应不稳定，并有可能导致线路过载和供电中断的风险。

（3）难以抢修。架空线路在供电中断后，由于设备分布在多个位置，需要检查整个线路并定位故障点。尤其是在大范围的农村地区，线路通常跨越广阔的地理范围，包括农田、山区等地形复杂的区域，寻找故障点和进行抢修可能需要更长的时间，难度也大大增加。

架空线路在农村地区可能经过较多的乡村或农田，部分线路可能穿过森林或丛林等难以进入的区域，故障点不易被及时发现。农村地区的通信设施可能不完善，对电力公司的故障报告和抢修调度造成影响，这些情况可能导致信息传递延迟，影响抢修人员的动员速度。

（4）供电恢复困难。在一些偏远的农村地区，由于通信设备和抢修资源的有限性，供电恢复可能会受到限制。需要额外的时间和资源才能将电力恢复到正常状态。这意味着当供电中断发生时，电力公司可能无法及时获得相关故障信息，难以做出快速响应和修复。

在偏远的地区，抢修人员和维修资源的配备可能会受到限制。当供电中断发生时，电力公司可能需要额外的时间和资源才能调派抢修人员到达现场，并进行故障排查和修复工作。偏远农村地区的道路交通条件可能不理想，特别是在恶劣的天气条件下。这可能导致抢修人员前往现场的时间延迟，进一

第三章　配电农网架空线路的现状及问题分析

步限制了供电恢复的速度。

（5）对农村地区电力供应的影响。由于架空线路在农村地区广泛使用，而且农村地区的基础设施相对薄弱，故障发生后的供电中断对农村地区的电力供应产生较大的负面影响。这可能影响农田灌溉、农村工业生产、学校教育、医疗服务等重要领域。

供电公司通常会努力加强维修和抢修能力，并采取相应的预防措施来减少故障的发生。并且，借助现代技术如智能电网、远程监控等，可以更快速地检测和定位故障，并尽快进行修复和恢复供电。

四、跨越大距离的技术挑战

由于农村地区广阔，架空线路通常需要跨越长距离，这会带来一些技术挑战。跨距较大的线路容易受到风力、重力和电力损耗的影响。因此，需要有良好的工程设计和稳固的电线杆或杆塔，以确保受电区域的稳定供电。以下是一些可能体现在跨距较大的线路上的具体影响。

（1）风力影响。长跨距的架空线路暴露在空气中，风力对线路的影响变得更加显著。风对导线的作用力会增加，导致线路摆动或振荡，甚至导致导线与支架碰撞，进而增加故障的风险。强风会产生对导线的侧向力和向上的力。这些力会增加导线的摆动、振荡以及拉伸等情况，进而影响线路的稳定性和可靠性。当风力对导线施加侧向力时，导线可能摆动或振荡，尤其是在长跨距线路中更容易出现。这种摆动和振荡可能导致导线与支架相互碰撞，导致线路故障，并增加断线或接地的风险。风对线路的作用力增加了导线的应力和负荷，可能导致支架和绝缘子等部件受到额外的压力。这可能引起杆塔结构的变形、导线断裂、绝缘子破裂等问题，从而增加线路失效和故障的风险。

（2）重力效应。长跨距的架空线路需要更多的支架或杆塔来支撑导线，这使得线路的结构受到更大的重力载荷。重力对支架、导线和电缆的影响可能导致线路变形、杆塔下沉、支架断裂等问题。由于支撑长跨距的需要,在安装过程中,支架或杆塔需要承受更大的重力负载。这可能会对其结构和稳定性造成挑战,增加了支架或杆塔弯曲、断裂等问题发生的风险。长跨距的导线需要更多的支持点,以避免导线过度拉伸。重力对导线的作用会导致导线产生额外的拉力,这可能对导线和电缆的强度和稳定性产生不利影响,导致线路变形、导线下沉等问题。长期受到重力作用可能导致杆塔或支架下沉,进而造成线路的不平整和不稳定。下沉问题可能对整个线路的安全运行产生严重影响。

(3)电力损耗。长跨距的线路会引起电力传输时的电阻和电感损耗。由于电阻和电感的存在,电力在长距离的传输过程中会有一定的能量损耗,导致电力损失。这意味着远离发电站的农村地区可能面临电力供应压力,并且可能需要进行复杂的电力管理和调节。电线的电阻会引起电流通过时产生热量,从而导致电能的损耗。随着传输距离的增加,由电阻引起的电力损耗也会随之增加。电阻引起的损耗直接影响电力供应的可靠性和效率。线路中的电感将导致电流和电压之间存在相位差,从而导致能量在电感中反复变化。这种变化会使电能转化为磁场能量和电场能量,从而产生能量损耗。

针对这些问题和挑战,我们需要注重架空线路的安全管理、抗灾能力的增强和美化措施的采取。此外,随着科技的不断发展,也可以考虑应用新型材料和技术来解决这些问题,提高农村配电网的可靠性和适应性。尽管存在技术挑战,供电公司会努力确保农村地区的电力供应稳定可靠,并不断改进技术和设备,以满足农村地区对电力的需求。

为了解决上述问题,并提升农村配电网的供电质量和效率,研究人员和企业正在进行架空线路的技术改进和智能化升级,例如加装避雷针、监控设备,以及引入自动化控制系统等。这些改进措施将进一步提高架空线路在农村配电网中的应用效果和可靠性。以下是一些常见的改进措施。

第三章　配电农网架空线路的现状及问题分析

（1）加装避雷针。避雷针能够有效地吸收和分散雷击能量，减少对架空线路的雷击影响，提高系统的抗雷能力。避雷针通过利用其尖锐的形状和良好的导电性质，吸收和导引大部分雷电能量。当雷电接近时，避雷针会先引导雷电放电，将能量吸引到避雷针上，然后通过地线有效地传导到地面。这样可以减少雷电直接作用于架空线路的可能性，并分散雷电能量，减少对线路的影响。避雷针可以吸引并消除雷电放电，有效地保护线路上的设备和杆塔结构免受雷击的损害。避雷针作为"引雷器"，降低了雷击对线路构件的直接冲击，减少了线路故障的风险。当雷击发生时，避雷针的引导功能可以将雷电能量引导到地面，从而减少线路被直接击中造成的供电中断时间。这有助于提高电力供应的可靠性和稳定性。

（2）监控设备。安装监控设备可以实时监测架空线路的状态，包括温度、湿度、风速等，从而及时发现潜在问题，并做出相应的调整和维修。监控设备包括以下功能。

①温度监测。温度监测装置可以安装在架空线路、杆塔等位置，实时监测线路温度。高温可能表示电流超载或线路故障，及时发现可以避免线路过热而造成事故。

②湿度监测。湿度监测装置可以检测环境湿度变化。对于架空线路来说，高湿度会导致绝缘效果下降，可能引起漏电或绝缘击穿。监测湿度可以提前警示绝缘性能下降的风险。通过湿度监测装置的使用，可以提前了解并监测架空线路周围环境的湿度变化，帮助电力公司做出相应的维护和管理决策，保障线路的安全运行。同时，定期维护和检查绝缘子、合理的绝缘设计和材料选择等也是保证绝缘性能的重要措施。

③风速监测。风速监测装置可以监测周围环境的风速变化。强风可能导致树木倒伏、杆塔偏移等情况，危害架空线路的安全。通过监测风速，可以预防风灾造成的供电中断。通过风速监测装置的使用，可以提前了解并监测

配电农网架空线路自动化应用

环境风速的变化,帮助电力公司做出相应的维护和管理决策,保障架空线路的安全运行。同时,定期维护和检查树木、杆塔结构的稳固性,以及采取合理的防风措施也是保证线路安全的重要措施。

④异常报警。监控设备可以设置异常报警机制,一旦出现异常情况,如温度异常升高、湿度超过设定范围等,会自动发送警报,提醒相关人员进行处理。

通过安装监控设备,可以实现对架空线路的实时监测和远程管理,及时发现并解决潜在问题,提高农村配电网的供电质量和效率。

(3)自动化控制系统。引入自动化控制系统可以实现对架空线路的远程监控和管理,包括故障检测、故障定位和恢复等功能,大大缩短了故障处理时间,提高了供电可靠性。该系统提供了一系列功能以改善农村配电网的可靠性和效率。

①故障检测。自动化控制系统可以通过实时监测和分析数据来检测线路上的故障。当系统检测到异常情况时,例如线路中断、电流异常等,会发出警报并通知相关人员进行处理。

②故障定位。一旦发生故障,自动化控制系统可以利用故障指示器或其他技术手段快速定位故障点,减少故障排查时间,提高排除故障的效率。

③远程控制和操作。自动化控制系统允许远程控制和操作架空线路上的设备,能够远程开关、调节回路等。这消除了人工操作的需求,提高了操作的灵活性和响应速度。

④恢复功能。一旦故障被定位并排除,自动化控制系统可以自动执行恢复操作,如自动重连线路、启动备用电源等,以尽快恢复供电。

通过引入自动化控制系统,农村配电网能够更快地检测、定位和恢复故障,大大缩短了故障处理时间,提高了供电的可靠性和连续性。此外,远程监控和操作还能减少对人力资源的依赖,提高了配电网的管理效率。

第三章　配电农网架空线路的现状及问题分析

（4）智能感知技术。利用传感器、人工智能等技术，对架空线路进行智能感知，可以实现故障预警、负荷分析和优化供电策略等功能，提高了供电效率和质量。智能感知技术在农村配电网中的应用，将极大地提升供电效率和质量。通过实时监测和分析数据，系统能够更准确地预测故障风险，并提供及时的预警，有针对性地采取措施，避免或减轻故障的发生和对供电的影响。同时，智能感知技术可以在不同时间段和区域进行负荷分析，进一步优化供电调度，合理分配能源，从而提高供电效率和稳定性。通过远程监控和管理，可以及时了解架空线路的状态，迅速发现并解决问题，避免人工巡检的局限性和延迟。

整体而言，智能感知技术的应用对农村配电网的改进具有重要意义，有助于实现可靠、高效、智能的供电服务，满足人们对电力的需求，并推动农村地区的发展。

这些改进措施的应用可以进一步提高架空线路在农村配电网中的应用效果和可靠性，为农村地区提供更稳定、高质量的供电服务。

配电农网架空线路自动化应用

第四章
配电农网架空线路自动化概论

  改革开放以来，中国的社会经济呈现了一个持续发展的趋势，人们对于电的要求不断提高。

  电力是一种由电源提供的能量形式，它可以转换成各种形式的能量，如热能、光能、动能等。电力在现代社会中具有极为重要的地位，它是现代工业和社会生活的基础。

  电力是现代工业生产的重要能源，几乎所有的工业生产过程都需要用到电力。例如，钢铁、石油、化工等重工业生产过程，以及电子、信息等高科技产业，都离不开电力的支持。

  电力在交通运输领域中也发挥着重要作用。例如，电力可以驱动火车、地铁、电动汽车等交通工具，同时，铁路、地铁等交通运输系统的信号系统也需要依赖电力。

  在日常生活中，电力也扮演着重要角色。我们的家庭用电、办公用电、商业用电等都需要依赖电力。电力在医疗保健领域中也具有重要意义。例如，医疗设备、手术室、急救车等都需要电力来支持。

  同时，电力在通信技术领域中也发挥着重要作用。例如，通信基站、数据中心等都需要电力来支持。电力为信息时代的到来提供了重要保障。

  电力在现代社会中具有无法替代的地位和作用。它为工业生产、交通运输、日常生活、医疗保健、通信技术等领域提供了重要支持，为社会的进步和人类的发展做出了巨大贡献。

  近年来，随着我国加快推进坚强智能电网建设，农网配电自动化的推广

第四章　配电农网架空线路自动化概论

应用也正如火如荼。

但是，部分县级公司对配电自动化的建设模式和条件缺乏深入了解和理性思考，导致项目投资大，但是功能实用性不强，项目性价比差，运维困难，甚至影响电网安全稳定运行。首当其冲的是盲目追求系统大和全的功能，导致配网自动化系统投资大、经济性不好。部分县级公司大规模开展配电自动化建设，但是对于未来电网发展缺少规划，针对性不强，没有利用配网自动化的优势解决其实际问题，实际利用功能不多，投资与回报不平衡。部分县级公司将配电自动化设备进行撒网式铺设，但是其技术设备还未完全成熟，导致配网自动化设备故障频发，影响了电网的可靠性。部分县级公司配电网运行检修人员的技术水平不高，而且农网地理环境复杂，通信系统存在瓶颈，导致了配网自动化设备运维存在困难，农村电网的网架结构基础难以满足环网供电要求。

成功应用于城网配电网中提高供电可靠性的环网供电技术，在农网中并不可取。因为这一技术正常时开环运行，当发生故障时，某一电源需切除，其他电源闭环继续供电。若其中一个电源在发生故障后供电半径将达到30km甚至40km以上，在正常的负荷条件下，从电压和电能的损耗角度来讲，已不满足10kV电网的运行条件了。

现有农网的基础难以满足自动化对保护整定和通信监控的要求，如皖西农网的主要结构为树状辐射型网络，在这样的电网结构中，普通配电网中故障隔离开关之间（分段器、重合器等）的电网保护时间的配合与整定将不易实现。由于这样的网络结构不能构成环网，各故障隔离开关只能根据故障电流的大小和单一的整定时间决定动作与否，无法与其他隔离开关配合动作，以保障负荷的恢复供电优先级和实现最小的停电面积。

配电网中各种控制功能均是基于对配电网的监视结果，而配电网中各种状态信息的获取和控制命令的下发全部依赖于配电网通信系统。由于配电网

配电农网架空线路自动化应用

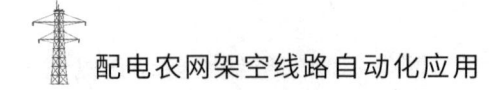

中终端监控设备数量非常多，需要传输的信息量巨大，对控制命令的可靠性要求极高，所有这些都增加了对通信系统的要求。

农网的负荷特点造成系统容量储备和无功补偿容量确定上的困难。农网的供电主要用来照明和农民的家电电源，乡镇企业也大多只在白天生产，这样的负荷时段性很强。当用电处于高峰时，照明和家电会使变压器满载，节日期间甚至过载；当用电处于低谷时，变压器几乎空载运行，所以，在农网的改造中，配电变压器容量的选择是不易的：容量过大，空载时损耗大，不利于电网经济运行。

第一节　配电农网架空线路自动化的定义

随着电力需求的不断发展，电网公司也越来越重视配电网络的自动化建设。配电农网由配电变压器、杆塔、电缆、架空线、绝缘开关、功率补偿装置以及一些辅助设备组成。

农网架空线路自动化是指利用自动化技术对农网架空线路进行智能化管理和控制，以提高供电可靠性和供电质量。这需要对农网架空线路进行改造，使其能够实现远程监测、故障自动诊断和自动切换等功能。

在实际应用中，农网架空线路自动化需要结合配电自动化系统来实现。该系统可以对农网架空线路的运行状态进行实时监测，并通过数据分析来预测线路的故障可能性。一旦发生故障，系统可以自动诊断故障原因，并自动切换到备用线路，以保证供电的可靠性。

农网架空线路自动化技术的应用可以大大提高供电的可靠性和供电质量，为农村地区的经济发展提供更好的支持。

配电农网架空线路自动化的关键技术详细描述如下。

第四章　配电农网架空线路自动化概论

（1）智能传感器技术：智能传感器是农网架空线路自动化系统中的重要组成部分，能够实时监测线路的运行状态，如温度、电压、电流等，并将监测数据传输至控制系统。通过对这些数据的分析，可以及时发现潜在的故障隐患，从而提前采取预防措施。

（2）自动化开关技术：自动化开关能够实现对电力线路的远程控制和自动切换，当检测到故障时，可以自动切断故障线路，切换至备用线路，以保证供电的可靠性。此外，自动化开关还可以根据电力需求的变化，自动调整供电模式，提高电力系统的运行效率。

（3）远程通信技术：远程通信设备是自动化系统中的信息传输纽带，能够实现数据的实时传输和信息共享。通过远程通信技术，可以实现对农网架空线路的实时监测，以及故障信息的快速传递，为故障诊断和处理提供有力支持。

（4）控制系统技术：控制系统技术是自动化系统的核心，通过对监测数据的处理和分析，实现对电力线路的自动调控。控制系统技术可以对电力系统的运行状态进行实时监控，对异常情况进行自动处理，以保证电力系统的安全稳定运行。

第二节　配电农网架空线路自动化的发展历程

配电农网架空线路自动化的发展历程可以分为以下几个阶段。

第一阶段：20世纪70年代，是配电自动化技术的早期阶段。主要集中在电力系统的自动化和计算机化方面，例如自动化开关设备、自动化仪表和自动化保护装置等。我国农村电网自动化技术企业于20世纪50年代后期，首先是从调度自动化技术应用开始的，由于一些大城市的郊区和县、

配电农网架空线路自动化应用

社区工业的新区用电的需求量迅猛增加，新建的一些郊区变电站、小水电站也得到了快速的发展，形成了我国最早的农村电网。我国最早的遥测装置是20世纪50年代后期和60年代的遥测发送装置（JZ-1型）和遥测接收装置（JZ-2型）。

从20世纪60年代中期开始，随着电子元器件和信息技术的发展，我国在数字综合运动装置中，将数据通信计算机技术引进了运动技术领域，使运动技术在原理上有了一个飞跃。在20世纪70年代中期开始在数字综合运动装置中广泛采用集成电路技术。在20世纪80年代将危机技术用于运动技术后，其性能发生了重大的变化，可以方便地实现事件顺序记录主动与运动终端对接。从20世纪90年代中期开始，运动终端已从单CPU向多CPU的方向发展。目前国内常用的通信信道有载波、微波、特高频、扩频、电缆、卫星、光纤等几种方式。

20世纪60—70年代的通道建设从直通电缆和电力载波为主，电力载波的特点是高压线路。进入21世纪，光纤通信以其传播速率高、容量大、稳定可靠等诸多优点获得认可，目前已经成为电力通信的主流，随着计算机及网络技术、通信技术、运动技术的发展，为县级电网自动化及其支撑平台的发展提供了条件。

第二阶段：20世纪80年代，是配电自动化技术的探索阶段。主要集中在电力系统的自动化和智能化方面，例如智能开关设备、智能仪表和智能保护装置等。

在这一阶段，我国电力行业迎来了新的发展机遇。随着改革开放的深入推进，国民经济快速增长，电力需求不断扩大。为满足日益增长的电力需求，电力系统开始进行现代化改造，配电自动化技术应运而生。

在这个探索阶段，科研人员和技术专家们致力于研究电力系统的自动化和智能化技术。其中，智能开关设备、智能仪表和智能保护装置等成为研究

第四章　配电农网架空线路自动化概论

的重点。这些技术的发展对于保障电力系统的安全、稳定、经济运行具有重要意义。

在智能开关设备方面，研究人员研发出了多种新型开关设备，如真空断路器、SF6断路器等，这些设备具有更高的可靠性、灵活性和安全性。智能仪表的发展也取得了显著成果，数字化、智能化仪表广泛应用于电力系统的监测、控制和保护环节，提高了电力系统的运行管理水平。

智能保护装置的研究与应用成了电力系统安全运行的保障。通过对电力系统各环节的实时监测和分析，智能保护装置能够在发生故障时迅速切除故障部分，有效防止故障扩散，保障电力系统的安全稳定运行。此外，智能保护装置还具有自适应、智能化等特点，可以根据电力系统的实际运行状况进行自动调整，提高保护效果。

然而，这一阶段的研究和应用仍存在局限性，如系统集成度不高、信息传输速率有限、智能化程度不足等问题。随着21世纪的到来，计算机技术、通信技术、物联网技术等不断发展，为配电自动化技术提供了新的机遇和挑战，进入了新的发展阶段。

第三阶段：20世纪90年代，是配电自动化技术的发展阶段。主要集中在电力系统的自动化和网络化方面，例如自动化网络、智能电网和智能能源系统等。

在这个阶段，我国电力行业迎来了新的发展机遇。随着改革开放的深入推进，国民经济持续高速发展，电力需求不断攀升。为了满足日益增长的电力需求，我国加大了电力基础设施建设的投入，逐步完善了电力供应体系。在这个背景下，配电自动化技术得到了广泛关注和重视。

同时，配电自动化技术的研究与应用取得了显著成果。首先，自动化网络技术得到了广泛应用，实现了电力系统的监测、控制和保护等功能，提高了电力系统的安全可靠性和运行效率。其次，智能电网技术得到了快速发展，

配电农网架空线路自动化应用

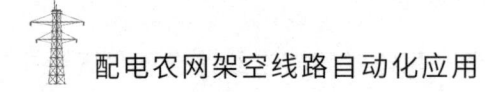

通过引入现代通信技术、传感器技术和大数据分析技术，实现了对电力系统的实时监测和智能调控，为电力系统的安全、稳定、高效运行提供了有力保障。

此外，智能能源系统的研究和应用也取得了重要进展。智能能源系统以新能源为核心，通过先进的能源转换、存储和控制技术，实现对多种能源的高效利用和优化配置。这为我国能源结构的优化调整和绿色低碳发展奠定了基础。

第四阶段：21世纪初，是配电自动化技术的应用阶段。主要集中在电力系统的自动化和智能化方面，例如智能配电网、智能能源系统和智能城市等。在这个阶段，我国配电自动化技术达到了世界领先水平。通过不断引进和吸收国际先进技术，我国配电自动化设备制造水平和系统集成能力得到了显著提高。同时，我国政府高度重视配电自动化产业的发展，制定了一系列政策措施，为配电自动化技术的研究和应用提供了有力支持。

第五阶段：配电自动化技术的创新阶段。主要集中在电力系统的自动化和数字化方面，例如数字化配电、智能配电网和智能能源系统等。

在这个创新阶段，我国电力行业积极拥抱新技术，推动电力系统自动化和数字化进程。以下几个方面是当前配电自动化技术发展的重点。

（1）数字化配电：通过引入大数据、云计算、物联网等技术，实现电力设备、线路和系统的实时监测、诊断和优化控制。数字化配电有助于提高供电可靠性、降低运营成本，并为用户提供个性化、智能化的用电服务。

（2）智能配电网：以特高压、超高压输电线路为骨干，以智能配电网为基础，构建灵活、高效、安全的电力传输体系。智能配电网技术涉及智能传感器、故障诊断、远程控制等方面，有助于提高电力系统的运行效率和可靠性。

（3）智能能源系统：将可再生能源、分布式能源、储能设备等融入电力系统，实现多种能源的高效协同和优化调度。智能能源系统旨在提高能源

第四章　配电农网架空线路自动化概论

利用效率，降低碳排放，推动能源转型和可持续发展。

（4）人工智能在配电自动化领域的应用：利用深度学习、自然语言处理等先进技术，实现电力系统的智能调度、故障诊断和风险评估。人工智能的应用有助于提高配电自动化水平，提升电力系统的安全性和稳定性。

（5）配电自动化设备和技术的研究与开发：加大对新型传感器、高性能计算设备、高速通信网络等硬件设备的研究力度。

第六阶段：配电自动化技术进入深度融合阶段。这一阶段的主要特点是电力系统自动化与信息化、智能化技术的深度结合，例如大数据分析、云计算、物联网等技术在配电系统中的应用。通过这些技术的应用，实现了配电系统的实时监控、故障诊断和预测性维护等功能，进一步提高了配电系统的安全性和稳定性。

在这个阶段，我国配电自动化技术卓有成效。

首先，在大数据分析方面，通过对海量数据的挖掘和分析，能够更准确地预测电力需求和供应情况，为电力调度提供有力支持。

其次，在云计算方面，通过构建配电系统云平台，实现了数据的快速传输、存储和处理，提高了配电系统信息的实时性和准确性。

最后，物联网技术在配电系统中的应用也取得了突破，实现了设备之间的互联互通，提高了配电设备的智能化水平。

在深度融合阶段，配电自动化技术在实际应用中不断优化和完善。

一方面，通过引入人工智能技术，实现配电系统的智能化管理，降低了运维成本，提高了运营效率。

另一方面，加强了配电系统的安全防护，通过实时监控和预警系统，及时发现并处理安全隐患，保障了电力供应的稳定性。

随着技术的不断发展，配电自动化技术在第七阶段将进一步升级。预计在未来几十年内，新型电力系统将逐渐取代传统电力系统，实现全面智能化。这一阶段的主要目标是提高配电系统的可持续性、可靠性和安全性，以适应不断增长的能源需求和环境保护要求。

第七阶段：配电自动化技术迈向智慧化阶段。在这一阶段，人工智能、边缘计算等先进技术在配电系统中得到广泛应用，使得配电系统具备了更强的自我学习、自我优化和自我适应能力。此外，配电系统与新能源、储能等技术的紧密结合，也为实现能源互联网、智能电网等目标提供了有力支持。

在我国，配电自动化技术的发展历程与全球大致相同，但具有一定的中国特色。从20世纪50年代开始，我国就已经启动了调度自动化技术的应用，逐步实现了农村电网的自动化。随着技术的不断进步，我国配电自动化技术在21世纪初进入应用阶段，特别是在智能配电网、智能能源系统等方面取得了显著成果。

近年来，我国政府高度重视配电自动化技术的发展，不断加大投入力度，推动电力系统的自动化和智能化。在政策支持下，我国配电自动化技术达到了世界领先水平，为我国农村电网的可持续发展提供了有力保障。此外，我国还积极参与国际技术交流与合作，与世界各国分享配电自动化技术的发展经验，共同推动全球配电自动化技术的发展。

展望未来，随着新一轮科技革命的到来，配电自动化技术将继续向更高效、更智能、更环保的方向发展。新能源、储能、电动汽车等新兴技术将与配电自动化技术深度融合，推动电力系统迈向更加智能、更加绿色的新时代。我国将继续发挥制度优势，加大科技创新力度，推动配电自动化技术迈向更高水平，为全球电力系统的发展贡献中国智慧。

配电自动化技术的发展历程是一个不断迭代、不断创新的过程。从最初的电力系统自动化，到如今的智慧化阶段，配电自动化技术为人类社会带来了巨大的便利。在未来，随着科技的进步，配电自动化技术将继续引领电力系统的发展，为实现可持续发展、构建美好家园贡献自己的力量。

第四章 配电农网架空线路自动化概论

第三节 国内外研究现状和发展趋势的现状

配电网自动化是智能电网投资的重中之重，配电网作为输配电系统的最后一个环节，其中实现自动化的程度与供电的质量和可靠性密切相关，配电自动化是智能电网的重要基础之一。

目前，国内外配件自动化技术已经较为成熟，已一定的广泛应用，以下是配件自动化的应用现状。

国内配电自动化水平：目前，我国已经开展了配电自动化技术的应用，比如南方电网、国家电网、中国华能、中国大唐等企业在其配电系统中均已开展了配电自动化技术的应用，从而实现了对配电设备的实时监测、故障诊断和自动控制等功能。

一、国内配电自动化案例分享

随着国内配电自动化水平的不断提高，众多案例展现出其巨大的潜力和优势。其中，珠海供电局的配网自动化建设作为国内配电自动化的佼佼者，凭借其强大的技术实力和卓越的管理能力，为全国的配电自动化建设树立了标杆。

珠海供电局在配电自动化建设方面一直走在行业前列。其不仅拥有完善的配电一次网架，而且线路电缆化率、环网率、可转供电率均居于广东省前列。这为配电自动化的实施提供了坚实的基础。通过引进和吸收国际先进的配网自动化技术，珠海供电局成功实现了配电网的可观、可测、可控。这意味着其能够实时监测配电网的运行状态，快速定位和隔离故障，以及自动恢复非故障段的供电。

截止到2020年8月，珠海局在馈线自动化方面取得了显著的成绩。其们不仅实现了馈线自动化的高覆盖率，而且在实际运行中表现出了高效率和稳定性。自动化终端的在线率和正确动作率均达到了很高的水平，这表明系统运行稳定可靠。此外，遥控成功率的提升也进一步证明了系统的高度智能化和自动化。

这些成就的取得，不仅有力地支撑了珠海地区供电可靠性的提升，同时也为全国的配电自动化建设提供了宝贵的经验和借鉴。珠海供电局的案例充分展示了配电自动化在提高供电可靠性、优化资源配置、降低运营成本等方面的巨大优势。

除了珠海供电局外，福建省厦门市本岛的智能电网配电自动化试点区域也是国内配电自动化的优秀案例之一。这个区域作为厦门市的中心地带，具有高供电量和用电负荷的特点。面对如此巨大的供电压力和挑战，智能电网配电自动化的建设成为了一种必然的选择。

该试点区域内的配电网架构经过精心设计和优化，采用了先进的智能配电网和配电自动化技术。通过与各相关系统的有效集成，实现了信息共享和协同工作。这使得配电网的运行更加高效、可靠和灵活，能够更好地应对各种复杂的供电需求和突发情况。该试点项目不仅在智能配电网、配电自动化以及接口改造等方面取得了重大突破，而且还对智能配电通信网络、电力调控一体化系统建设、自动化系统建设、电源试点、调度一体化技术等标志性工程进行了完善。这些成果的取得，不仅提升了该区域的供电可靠性和供电质量，同时也为全国其他地区提供了宝贵的经验和借鉴。

国内配电自动化水平的提升离不开众多优秀案例的支撑和推动。珠海供电局和福建省厦门市本岛的智能电网配电自动化试点区域作为其中的佼佼者，通过不断的技术创新和实践探索，为全国的配电自动化建设树立了典范。这些案例的成功经验将激励更多的地区和企业投身于配电自动化的建设和发展，共同推动我国电力事业的进步。

第四章 配电农网架空线路自动化概论

二、现今国外配电自动化发展情况

许多发达国家的电力企业已经成功实现了配电自动化的升级，取得了显著成就，展现出了活力旺盛、技术领先的态势。

例如：欧洲各国和美国出现了许多成熟的配电自动化系统应用产品，这些自动化设备是由一些电器元件厂商、软件公司和系统集成商联合开发生产的，结合了模拟技术、控制技术、计算机技术、通信技术等各方面的最新成果，实现其对配电设备的实时监测、快速故障诊断、可靠保护和自动管理等功能，不仅规模庞大，覆盖面广，而且在技术创新和实用化方面都走在世界前列。

该系统通过高级的算法和精确的传感器网络，能够快速、准确地检测和定位配电网中的故障，并自动进行隔离和恢复供电，极大地提高了供电的可靠性和稳定性。同时，该系统还集成了大量的智能设备和数据分析功能，能够实时监控配电网的运行状态，预测未来的电力需求，优化电力资源的分配，为电力公司和用户提供了高效、便捷的服务。

而在欧洲，德国的智能电网技术更是引领了配电自动化的新潮流。德国通过在配电网中广泛部署智能电表、智能开关、智能变压器等设备，构建了一个高度自动化的智能电网系统。这个系统不仅可以实现对电力供应和需求的实时监控和调整，而且还能为用户提供个性化的能源管理和服务。同时，德国还注重与可再生能源的结合，通过智能电网技术，有效地解决了可再生能源的并网和调度问题，推动了绿色能源的发展和应用。

韩国的配电自动化发展则体现了政府引导和企业创新相结合的特点。韩国政府通过制定和实施一系列的科技研发和产业化支持计划，鼓励企业加大在配电自动化技术方面的投入和创新。这不仅推动了韩国配电自动化技术的快速发展，而且也为企业提供了广阔的市场和发展机遇。韩国的配电自动化系统不仅覆盖范围广泛、功能齐全，而且技术先进、实用性强。该系统能够实现故障定位、隔离与恢复、负荷控制、运行监控等多种功能，为提高配电网的运行效率和供电可靠性提供了有力保障。

综上所言，国外的配电自动化发展呈现出生机勃勃、技术领先的特点。不同国家根据自己的实际情况和需求，采取了不同的策略和技术路线，但都取得了显著的成效。这些成功案例不仅为全球配电自动化发展提供了有益的参考，也为各国在配电自动化领域的进一步探索和创新提供了新的思路和方向。同时，这些案例也充分证明了配电自动化在提高供电可靠性、优化资源配置、促进能源可持续发展等方面的重要作用。

三、对配电农网架空线路自动化现状的进一步阐述

随着科技的不断进步和电力需求的日益增长，配电农网架空线路自动化已成为电力系统的重要发展趋势。以下是对其现状的进一步阐述。

（1）智能配电网的建设。智能配电网作为未来电力系统的主要形态，具有高效、灵活、可靠和安全等特点。通过采用先进的传感技术、通信技术和决策分析算法，智能配电网能够实现分布式电源的灵活接入，提高配电网的自动化和智能化水平。这不仅可以提高电力系统的运行效率，还可以为用户提供更加优质的电力服务。

（2）配电自动化技术的应用。配电自动化技术是实现配电农网架空线路自动化的关键技术之一。该技术通过采用先进的传感器、通信设备和控制算法，实现对配电网的实时监测、控制和优化。随着技术的不断发展，配电自动化技术也在不断更新和完善，设备的可靠性和稳定性得到了显著提升，系统的可扩展性和可维护性也得到了有效保障。

配电自动化技术在水厂、火电厂、港口和智能楼宇等领域的应用，具有广泛而深远的影响。

在水厂领域，配电自动化技术的应用极大地提高了水处理的效率。通过自动化的监控系统，水厂的运营者可以实时监测水源的质量和水量，并根据

第四章　配电农网架空线路自动化概论

实际需求进行智能调度。这不仅优化了水资源的使用，而且大大减少了能源消耗，使整个水处理过程更加绿色环保。此外，该技术还可以协助进行设备维护和故障排除，极大降低了人工维护的成本和复杂度。

①在火电厂领域，配电自动化技术的应用同样具有显著的优势。火电厂是能源消耗的大户，而配电自动化技术能够实时监控电力设备的运行状态，提高发电效率，减少不必要的能源浪费。此外，通过智能化的数据分析和管理，火电厂可以更好地应对电力负荷的变化，确保电力供应的稳定性和可靠性。这不仅能够提升火电厂的运行效率，还有助于推动整个电力行业的可持续发展。

②在港口领域，随着国际贸易的不断发展，港口运营面临着越来越大的挑战。配电自动化技术的应用为港口的高效运营提供了有力支持。通过自动化的装卸设备和智能化的管理系统，港口能够实现货物的快速、准确装卸和运输。这大大提高了港口的吞吐量，降低了运输成本，提升了港口的整体竞争力。同时，该技术还可以协助港口进行安全管理，确保港口运营的安全性和稳定性。

③在智能楼宇领域，配电自动化技术的应用同样发挥着重要作用。随着人们对居住环境要求的提高，智能楼宇的建设越来越受到关注。通过配电自动化技术，智能楼宇可以实现能源的智能化管理，提高能源利用效率，降低能源消耗。同时，该技术还可以协助进行设备维护和故障排除，为住户提供更加舒适、安全的居住环境。此外，配电自动化技术还可以为智能楼宇提供智能安防、智能家居等方面的支持，提升楼宇的综合管理水平。

④配电自动化技术的应用在水厂、火电厂、港口和智能楼宇等领域都取得了显著的成效。这些成功的应用案例充分证明了配电自动化技术的优势和价值，为推动相关行业的可持续发展提供了有力支持。随着科技的不断发展，相信配电自动化技术将在更多领域发挥出更大的潜力，为人类社会的进

步和发展做出更大的贡献。

（3）通信技术的应用。通信技术是实现配电农网架空线路自动化的重要支撑技术之一。随着物联网技术的不断发展，配电农网架空线路自动化系统对通信技术的要求也越来越高。未来，配电农网架空线路自动化系统将更加依赖于通信技术来实现信息的传输和控制，保障电力系统的安全稳定运行。

通信技术的应用非常广泛，以下是一些具体案例：

①移动通信：移动设备（如手机、平板电脑）已经成为现代人生活中不可或缺的一部分。通过移动通信技术，人们可以随时随地与他人进行语音、文字或视频通话，发送和接收信息，享受各种在线服务和娱乐内容。

②卫星通信：卫星通信技术使得远离地球表面的人和设备之间能够进行通信。例如，卫星电话和卫星电视是偏远地区的人们获取信息和娱乐的主要方式。

③光纤通信：光纤通信技术利用光信号在玻璃或塑料制成的光纤中进行传输，具有传输速度快、容量大、信号质量高等优点。光纤网络已经广泛应用于城市和农村地区，提供高速上网、电视信号传输等服务。

④物联网：物联网是指通过各种传感器、网络和设备，实现物体之间的互联互通。通过物联网技术，人们可以远程监控和控制各种智能设备，如智能家居、智能农业等。

⑤云计算：云计算是一种基于互联网的计算方式，通过虚拟化技术将计算资源（如服务器、存储设备、数据库等）集中起来，通过网络提供给用户使用。云计算已经广泛应用于企业、政府和教育机构，提供各种在线服务和解决方案。

（4）云计算技术。云计算技术为配电农网架空线路自动化提供了新的解决方案。通过云计算技术，可以实现数据的集中存储、分析和处理，提高系统的智能化水平。同时，云计算技术还可以为电力公司提供更加灵活和高

第四章　配电农网架空线路自动化概论

效的数据处理服务，帮助电力公司更好地管理和优化配电网的运行。

云计算技术的应用，为配电农网架空线路自动化带来了显著的优势。首先，通过云计算技术，可以实现实时监测和分析农网架空线路的运行状态，及时发现潜在的安全隐患，从而降低事故发生的风险。此外，云计算技术还可以对农网架空线路的用电负荷进行预测，为电力公司提供科学合理的调度依据，提高电力供应的可靠性和经济性。

云计算技术在配电农网架空线路自动化中的应用，有助于提高电力系统的故障处理能力。通过云计算平台，可以快速定位故障位置，并实时调整供电策略，缩短故障处理时间，降低停电范围。同时，云计算技术还可以为电力公司提供智能化的运维管理服务，通过远程监控和诊断，实现对农网架空线路设备的实时维护，延长设备使用寿命，降低运维成本。

在此基础上，云计算技术还能促进配电农网架空线路的可持续发展。通过收集和分析大量运行数据，电力公司可以更加精确地掌握农网架空线路的用电需求和负荷特性，为电网规划提供有力支持。此外，云计算技术还可以辅助电力公司评估新能源接入的影响，为农村地区的清洁能源替代提供技术支持，推动农村电网向绿色、智能、高效的方向发展。

云计算技术在配电农网架空线路自动化中的应用也面临一定的挑战。如何确保云计算平台的安全稳定运行，确保数据传输和存储的安全，以及如何在复杂的农网环境中实现高效的数据处理和分析，都是亟待解决的问题。此外，云计算技术的推广和应用还需要电力公司加强与其他部门的合作，提高配电农网架空线路自动化的整体水平。

云计算技术为配电农网架空线路自动化提供了强大的技术支持。在充分发挥云计算技术优势的同时，应对其中的挑战，有助于推动配电农网架空线路自动化的发展，为农村地区的电力供应提供更加稳定、高效、智能的服务。

（5）人才培养和科技创新。配电农网的自动化技术进步离不开人力资源的支持。因此，要推动这一领域的发展，强化人才培养与科技创新是关键。

电力公司应重视高素质技术人才的培养，并加大科技研发投入，以确保配电农网自动化技术的迅速提升。此外，政府与社会各界也应加大对电力行业的支持，为该技术的发展创造更广阔的空间。

在配电自动化领域，人才与科技创新是推动进步的核心因素。电力企业需要关注当前人才短缺的问题，进而采取有效措施促进人才培养，以及时响应行业需求。建议如下：

①关于培训项目方面：为现有技术团队提供针对配电自动化的专项培训，结合理论知识与实践操作，确保员工具备必要的专业能力。

②关于校企合作方面：与当地大学建立合作关系，共同开设配电自动化课程，以便培养和输送新的人才。

③关于激励机制方面：设置奖励体系，以提升员工的学习积极性，例如为在培训中表现优异的员工提供晋升机会或现金奖励。

通过以上措施，企业有效提升了员工的专业技能，为后续配电自动化的实施奠定了坚实基础。

为了提高电力系统的效率与可靠性，电力配电自动化的技术突破可以采取以下几个方面的变革：

（1）关于技术开发方面：优化和创新配电自动化系统，使其具备实时监控电网状态的能力，并能自动识别和修复故障，以显著提高电力供应的稳定性。

（2）关于数据分析方面：应用大数据与人工智能技术，对电网运行数据进行深入分析，从而能够预测未来的电力需求与供给状况。

（3）关于合作关系方面：与多家企业及机构建立合作，共同推动配电自动化技术的研发和应用，加速科技创新的发展。

要在该领域取得成功，必须重视人才的培养，增强科技创新力度，并采取适当的策略与措施来推动这两方面的发展。

第四章　配电农网架空线路自动化概论

配电农网架空线路自动化发展趋势呈现出智能化、自动化、高效化、安全化等方向。未来，需要进一步加强技术研发和人才培养，推动配电农网架空线路自动化的快速发展，为电力系统的安全稳定运行提供更加可靠的保障。

随着社会进步和经济不断发展，我国农业也在不断发展，同时以多样化的方式不断发展，在此过程中逐渐出现了部分问题。近几年，电子信息和计算机技术的迅速发展以及我国配电一次电气设备制造技术的提升，为配电自动化技术的发展提供了有力的支撑。

（1）与配电自动化配套的一次开关设备制造技术进步显著，包括架空配电线路开关、负荷开关、电缆配电线路中的环网柜等设备都已经在配电网中广泛使用，近些年配电自动化试点建设地区的设备运行情况表明这些一次设备已经能够满足配电自动化的要求。

（2）配电自动化终端设备性能比较稳定。目前一些国产终端设备的各项指标已经达到世界一流水平，同时兼顾适应各地区的气候环境特点。各地的终端设备应用情况也反映出国产配电自动化终端设备使用性能稳定，技术支持力量充沛，发展前景良好。

（3）光纤通信技术的应用促进了配电自动化系统自愈功能的实现。当前配电自动化系统已经能够满足配电网数据信息和控制信息的可靠传输。基于 GPRS/CDMA 的无线数据传输技术以及数字式中压配电载波技术也都得到了广泛的应用，成了配电数据采集传输的重要手段。这些通信技术在配电自动化的试点建设中都获得了成功的应用。

（4）配电自动化主站系统技术逐步发展成熟，已经成了配电网调度、监控管理的重要工具。主站是配电自动化系统的核心部分，能够实现配电网数据采集与监控等基本功能和电网分析应用等扩展功能。当前配电自动化主站主要用于实现配电自动化系统与生产管理系统、GPMS 配电管理系统、95598 呼叫中心系统、调度 SCADA 系统等的信息交互。

（5）配电自动化技术的广泛应用带来了显著的经济效益和社会效益。通过配电自动化系统的实施，能够实现电力系统的高效运行，降低运营成本，提高供电质量和可靠性。同时，配电自动化技术在应对电力系统故障、保障电力系统安全稳定运行方面发挥了重要作用，为我国经济社会的持续发展提供了有力保障。

（6）尽管配电自动化技术取得了显著成果，但仍面临一些挑战。一是技术挑战，如配电自动化设备的可靠性和稳定性有待进一步提高，通信技术的实时性和准确性也需要不断优化。二是管理挑战，如配电自动化系统的运行维护管理机制尚不完善，对技术人才的需求也日益增加。三是政策挑战，如配电自动化技术推广应用的政策支持力度有待加强，相关法规和标准体系也需要进一步完善。

为了应对这些挑战，我国应继续加大对配电自动化技术的研发投入，提高设备的自主创新能力，形成具有自主知识产权的关键技术。同时，加强配电自动化系统的运行维护管理，培养专业技术人才，推进配电自动化技术在电力系统的广泛应用。此外，还要完善相关政策法规，建立健全配电自动化技术标准体系，为配电自动化技术的发展提供有力支持。

随着我国农业的持续发展，配电自动化技术在电力系统中的应用将越来越广泛，为我国农业现代化和新型城镇化建设提供有力保障。同时，配电自动化技术的发展也将为全球电力系统自动化建设提供有益借鉴。我国应充分发挥自身优势，积极参与国际交流与合作，为推动全球电力系统自动化技术的发展贡献力量。

配电自动化技术在我国农业和电力系统中具有重要应用价值。在应对挑战、发挥优势的过程中，我国配电自动化技术将不断取得新的突破，为全球电力系统自动化建设提供有力支持。通过持续创新和发展，配电自动化技术将为我国农业现代化、新型城镇化建设和全球电力系统自动化建设注入强大动力。

第四章　配电农网架空线路自动化概论

第四节　配电农网架空线路自动化的特点、优势和挑战

一、配电农网架空线路自动化的特点

（一）多样性

随着智能电网建设的开展，配电自动化技术发展迅速，针对不同城市、不同供电企业的实际需求，配电自动化系统的实施规模、系统设置、实现功能上不尽相同，《配电自动化规划设计技术导则》规定结合一次设备需要，站所终端可以建设成"三遥""动作型一遥""标准型二遥""基本型二遥"四种建设形式，实现对应不同的功能。因此，配电自动化技术及其实现形式的多样化是发展趋势之一。

（二）标准性

配电自动化系统工程复杂，信息量巨大，涉及调度、运维、营销等多个应用系统的相互接口和信息集成。为了实现电力系统的各种不同应用软件系统的集成和规范各个对象系统间的接口，国际电工委员会制定了 IEC 61968（配电管理的系统接口）系列标准，支持基于 IEC 61968 标准的信息交互成为配电自动化发展趋势之一。

（三）自愈性

配电自动化是实现现代配电网的重要技术，而智能电网的重要特征之一就是自愈性。配电网的自愈性是要求在故障发生时自动进行故障定位、隔离和负荷转移供电，而且未来将逐步升级为能够适应分布式电源的双向潮流下的馈线自动化功能。

（四）适应性

随着现代配电网建设的推进，光伏发电、风电、小型燃气轮机、大容量储能系统等分布式电源都有可能分散接入配电网，一方面对配电网的短路电

流、潮流分布、保护配合等带来一定影响，另一方面又能在故障时支撑孤岛供电，增强应急能力。因此，适应分布式电源接入并发挥其作用也是配电自动化的发展趋势之一。

分布式电源的广泛接入，对配电网带来了诸多挑战，也对配电自动化技术提出了更高的要求。在应对这些挑战的过程中，我国配电自动化技术不断升级，已取得显著的成果。然而，随着分布式电源的进一步接入，配电自动化还需在以下几个方面继续深入研究和改进。

（1）分布式电源的接入会对配电网的短路电流产生影响，可能导致电流分布不均，增加系统风险。为解决这一问题，配电自动化需要发展更高效、更精确的短路电流预测与控制技术。通过对配电网实时数据的分析，实现对短路电流的精准预测，进而采取相应的控制策略，降低分布式电源接入对配电网的影响。

（2）分布式电源的接入使配电网的潮流分布更加复杂。为了合理分配电力资源，提高配电网运行效率，配电自动化需要研究更先进的潮流控制算法，实现对分布式电源的高效利用。通过优化潮流分布，降低线损，提高电压质量，从而确保配电网的安全稳定运行。

（3）分布式电源的接入对配电网保护配合提出了新的要求。传统的保护装置和策略难以满足分布式电源接入后的需求，配电自动化需要在保护方面取得突破。一方面，要研究新型保护装置和保护算法，提高保护装置的动作速度和准确性；另一方面，要优化保护配合策略，确保在故障时能够快速切除故障区域，减小影响范围。

（4）分布式电源在故障时可以支撑孤岛供电，增强应急能力。配电自动化需要进一步研究孤岛供电模式下的运行管理和控制策略，以保障孤岛供电的稳定性和安全性。

随着分布式电源的广泛接入，配电自动化技术需要不断创新和发展，以

第四章　配电农网架空线路自动化概论

适应新的形势挑战。在未来的发展中，我国配电自动化技术将继续完善，为构建更加智能、高效、可靠的配电网体系提供有力支持。在这一过程中，政府、企业和科研机构应共同努力，加大投入，培养人才，推动配电自动化技术不断取得新的突破。最终实现配电网的安全、稳定、高效运行，为我国新能源发展和能源转型做出更大贡献。

现代配电网是当前电网建设的热点，配电自动化作为提高配电网供电可靠性的有效手段，已逐步在全国范围内开展建设。随着政府及电力企业加大对配电网的投资建设力度，配电自动化技术也引起了人们足够的重视，迎来了高速发展的黄金时期。配电自动化技术将全面应用于配电网，持续提高配电网供电的可靠性及供电能力，以取得更大的社会效益和经济效益。

（1）配电网的发展趋势在近年来愈发明显，许多国家和地区都在积极推动配电网的现代化和升级。智能配电网正在成为主流。

在美国，费城投资建设了一套先进的智能电网系统，该系统利用传感器和通信技术实时监测电网运行状况，预测和预防可能出现的问题。通过智能化的监测和控制，该系统提高了电网的可靠性和效率，减少了停电和故障的可能性。这个案例充分展示了智能配电网在提高能源可靠性和效率方面的巨大潜力。

（2）可再生能源的整合也是配电网发展的重要趋势。德国在可再生能源整合方面取得了显著进展，许多城市通过建设智能电网基础设施，成功地将太阳能和风能等可再生能源整合到配电网中。这种整合不仅有助于减少对传统能源的依赖，降低碳排放，还有助于提高能源自给自足的能力，实现可持续发展的目标。

（3）分布式能源的崛起也是配电网发展的一个重要方向。

在丹麦，许多家庭和企业都安装了分布式能源系统，如太阳能板和风力发电系统，这些系统直接连接到配电网中。这种分布式能源模式有助于提高

配电农网架空线路自动化应用

能源利用效率和灵活性，降低对传统能源的依赖。同时，它也为用户提供了更多的选择和自主权，使得他们能够更好地管理自己的能源消费。

（4）数字化技术的广泛应用也是配电网发展的一个显著趋势。物联网和人工智能等数字化技术为配电网的监测、控制和管理提供了新的手段。在印度尼西亚，一个项目利用物联网技术对配电网进行实时监测和控制，提高了电网的效率和可靠性。这种数字化技术的应用有助于减少人工干预和误差，提高配电网的运行效率和可靠性。

（5）随着电动汽车的普及，电动汽车充电设施的管理和优化也成为配电网的一个重要发展趋势。一些城市正在建设智能充电设施，这些设施能够与配电网进行互动，根据电网负荷调整充电时间。这种智能充电设施有助于平衡电网负荷，减少用电高峰期的压力，提高电动汽车充电的便利性和效率。

综上，智能配电网、可再生能源整合、分布式能源、数字化技术以及电动汽车充电设施是配电网发展的五大趋势。这些趋势相互作用、相互影响，共同推动了配电网的创新和变革。在未来，随着技术的进步和应用范围的扩大，我们有理由相信配电网将变得更加智能化、高效和可持续，为人类社会的可持续发展做出更大的贡献。

二、配电农网架空线路自动化的优势和挑战

配电农网架空线路自动化具有诸多显著的优势。首先，通过自动化技术，我们能够更有效地管理网络运行，优化停电计划，从而大大减少计划停电时间。这不仅提高了供电的可靠性，也极大地提升了用户满意度。

架空线路自动化有助于快速定位故障点，有效减少故障停电时间。在传统的配电网络中，故障定位往往需要耗费大量时间和人力，而自动化技术利用先进的传感器和算法，能迅速找到故障点，大大缩短了故障排查时间。

自动化技术还能提高工作效率，优化抢修资源配置。通过网络监控和数据分析，我们可以实时了解设备运行状况，预测可能出现的问题，从而提

第四章　配电农网架空线路自动化概论

前做好抢修准备。这不仅提高了工作效率，也使得抢修资源得到了更合理的配置。

配电农网架空线路自动化在减少计划停电时间和故障停电时间、提高工作效率和优化资源配置等方面具有显著的优势。这些优势不仅提升了供电的可靠性和用户满意度，也为配电网络的持续发展提供了强大的技术支持。

然而，配电农网架空线路自动化的发展也面临一些挑战。

一是技术挑战，自动化技术的研发和应用需要不断更新和优化，以适应不断变化的电力需求和环境条件。

二是人才挑战，自动化技术的广泛应用需要大量具备相关专业知识和技能的人才储备，以满足运维和管理的需求。

三是资金挑战，自动化设备的投入和维护需要较大的资金支持，如何合理规划和使用资金，以确保自动化技术的持续发展，是一个亟待解决的问题。

技术挑战方面，我国已经在自动化技术上取得了一定的突破，例如，利用无人机进行巡检，采用智能传感器进行故障检测等。但是，随着电力系统的复杂性和不确定性增加，我们需要进一步研发更先进、更智能的自动化技术，以提高配电农网的运行效率和稳定性。

人才挑战方面，虽然我国在自动化技术的人才培养上取得了一定的成果，但仍然存在一定的供需矛盾。为了应对这一挑战，我们需要加强电力自动化相关专业的教育和培训，提高人才的综合素质，以满足配电农网自动化发展的需求。

资金挑战方面，自动化设备的投入和维护需要较大的资金支持。在有限的资金条件下，我们需要合理规划资金使用，确保自动化设备的正常运行。同时，应通过政策引导和市场机制，鼓励和引导社会资本投入配电农网自动化建设，形成多元化的投资格局。

配电农网架空线路自动化的发展具有重要的现实意义和广阔的前景。面对技术、人才和资金等方面的挑战，我们需要不断创新，加大研发投入，提高人才素质，合理规划资金使用，以推动配电农网架空线路自动化技术的持续发展。在此基础上，我国配电农网的运行效率和稳定性将得到进一步提升，为农村地区的经济发展和人民生活提供更加可靠的电力保障。同时，这也将为我国电力行业的可持续发展提供有力支持。

第五节　配电农网架空线路自动化应用成功案例分享

一、庐江县金牛镇林城圩村开展农网升级

2023年5月6日，国网合肥供电公司组织施工人员在庐江县金牛镇林城圩村开展农网升级工作，同时安装配网智能开关加快数字化电网建设，县域配电网正式迈入"AI时代"，依托智能电网推动地方经济高质量发展。

桃花散尽春已暮，不觉芳菲已入夏。5月6日，正值立夏时节，在安徽省庐江县金牛镇林城圩村，麦田已微微泛黄，身着蓝色工作服的电力施工人员在田野中穿梭，新架设的供电线路与田间小路相互交错，这是国网合肥供电公司组织施工人员在10kV金牛114线开展农网升级工作。

随着合肥经济的飞速发展，庐江县作为省会合肥的"后花园"，乡镇居民生活水平也不断提高，农村电网的智能化建设也越来越受到关注与重视。配网智能开关的投入能够有效提高农民的生活质量和农村地区的经济发展水平，同时也能进一步带动城市的进步和发展。为支持乡村产业振兴，改善电网结构，国网合肥供电公司找准农村重点领域和供电薄弱环节，持续优化农村电网结构和升级改造，全面满足庐江县农村经济快速发展的用电需求。

新架设的10kV 114线与以往常规的改造不同，配网智能化是这条线路的一大特色。这条线路上一共安装了9台智能配自开关。在恶劣天气线路发

第四章 配电农网架空线路自动化概论

生故障时,智能配自开关会对故障信息自动进行分析研判,快速定位故障区域,通过配自系统自动遥控开关;实现配电线路故障区域快速定位隔离,非故障区域自动恢复供电,大幅提升供电可靠率,减少因故障停电面积大、时间长给客户带来的不利影响。故障修复完成后,也可以通过系统遥控复电,相比较以往需要人工到现场送电,更加省时省力增效,极大减轻了电网迎峰度夏的供电压力。

"今天的施工内容较为复杂,一共出动16人分为6个点同时进行施工,将原线路上的6个台区的电源改接至新线路。整条10kV金牛114路投运后,将代替老线路承担起为金牛镇湖稍村、健康等村供电的任务。施工过程中为了减少对周边区域用户的影响,我们特地出动了带电作业班和中压发电车,高质量推动农网升级的同时也要保障周边区域用户用电零感知。"据现场工作负责人介绍,此次农网升级工作一共涉及3个村庄,大约2600户,所改造的线路横跨人口密集区,跨度长,范围大,安全、停电等管控压力较大。为尽量减少作业对居民的影响,确保项目顺利实施,国网合肥供电公司提前谋划,周密部署,积极调度,科学合理制定了带电作业和中压发电车保电施工方案,最大限度减少因改造给周边电力客户带来的影响。

在加快智能化配网硬件建设的同时,国网合肥供电公司同步强化了智能配网系统的软实力。

"自山变自山105线、石山变政务107线已投入配网自动化自愈功能,请加强监控。"随着国网合肥供电公司调度人员一声令下,当值其他人员密切监视着电子大屏上各条供电线路的实时状态及数据反馈,线路设备工况显示一切正常,标志着国网合肥供电公司经过两个多月的不懈努力,成功实现自山变自山105线、石山变政务107线配网自动化自愈功能投入,这是合肥地区县域内首条投入配网自动化自愈功能的线路,代表着县域配电网自动化建设应用迈入了"AI时代"。

配电农网架空线路自动化应用

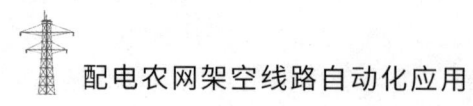

"这个功能就像电脑里的杀毒软件一样,当配电线路上发生故障时,系统可以自动检测到故障点的位置并进行隔离,同时恢复非故障区域的电力供应,相比较以往平均每起配网故障定位与抢修时间缩短 30~40min 甚至更多。"据工作人员介绍,配网自动化自愈功能的投入,通过配自终端和主站的配合,在线路发生故障时,主站对终端上传的保护分合闸信号进行分析判断,确定故障区域,通过配自主站系统自动遥控现场设备隔离故障点,并恢复非故障区域供电,停电时间由分钟级缩短至秒级,有效地减少停电时户数,提高供电可靠性,全程故障判断无需人工,处置迅速,同时也极大缓解了供电所站所承载力的问题。

"35kV 砖桥 364 开关收到远方合闸命令,合闸成功!"国网合肥供电公司组织员工在 35kV 砖桥变电站进行着远方备自投装置的最后调试工作,伴随着该装置的投入运行,以 35kV 砖桥变电站为首的 4 座变电站成为庐江地区首批配备远方备自投装置的变电站,同时庐江县实现全县共 24 座变电站备自投装置全域覆盖,提升了该变电站覆盖范围内的供电可靠性。

备自投装置是备用电源自动投入装置的简称,当电力系统因故障或其他原因使工作电源被断开后,能迅速将备用电源自动投入工作,或将被停电的设备自动投入其他正常工作的电源,使用户能迅速恢复供电。

为做好远方备自投调试工作,国网合肥供电公司先后完成了远方备自投二次电缆敷设、三次线连接、装置逻辑校验、光纤链路通信、装置定值整定核对、信号回路完善、断路器传动等工作。为了保证各项工作的顺利实施,国网合肥供电公司前期进行现场勘查,做好"三措一案"(组织措施、技术措施、安全措施、施工作业方案)编制。严格落实生产现场安全管理要求,狠抓"安全第一"不放松,确保各项工作可控在控。

"备自投装置投入以后,将有效节省人力物力,同时确保了供电质量,实现了提质增效的目标,这项技术非常重要,我们在开展过程中同步注重传

第四章　配电农网架空线路自动化概论

帮带，让老师傅把技能教给年轻人。"据现场工作负责人介绍，为了让职工加快掌握专业技术，提升专业能力水平，在开展此项工作的过程中，该公司先后组织运检专业班组成员前往35kV双庙变电站开展技能培训视频观摩活动。党支部支委全过程参与，党员同志冲锋在前，以线上直播的方式自主实施备自投改造工程，按照市县一体化"班组复合型人才培养"原则，锻炼青年骨干员工检修、试验等"全科医生"能力。

　　近年来，随着科技和人工智能的发展，智能电网应运而生，国网合肥供电公司在调控、变电、输电、配电等专业领域加大智能化投入，以农网升级改造、线路技改等工作为契机，加快电网向数字化转型。配电网作为电网神经末梢，上接电力主网，下连千家万户，随着能源供给结构的变化，对配电网可靠性的要求日益增高。2023年以来，国网合肥供电公司深化配电自动化建设应用工作，持续提升配网一、二次融合设备及智能终端覆盖率，不断完善配自主站自动化应用功能，为配网自动化自愈功能投入打下坚实基础。先后实现变电站备自投装置全域覆盖及建成合肥区域巢湖及四县境域内首条具备投入配网自动化自愈功能的线路。下一步，国网合肥供电公司将加大数字化电网规划和建设力度，结合庐江乡镇地域特色，打造符合庐江地区用电特点的智能电网，同时认真总结成功经验，形成可复制可推广的智能电网打造方案。

　　这一案例充分证明了配电农网架空线路自动化应用在提高供电可靠性和效率方面的巨大潜力。随着技术的不断进步和应用范围的不断扩大，相信这一领域将会取得更多的成果和突破，为农村电网的现代化建设做出更大的贡献。随着科技的不断进步，配电农网架空线路自动化应用正在迎来新的发展机遇。未来，这一领域的技术将更加成熟、稳定，应用范围也将更加广泛。

　　技术的进步将使得自动化系统更加智能、高效。例如，通过引入更先进的传感器和通信技术，我们可以实现对架空线路的实时监测和预警，及时发

配电农网架空线路自动化应用

现潜在的故障隐患,减少故障发生的可能性。同时,自动化系统将能够更好地整合各种资源,优化线路的运行方式,提高供电的可靠性和效率。

随着人们对农村电网建设的重视程度不断提高,配电农网架空线路自动化应用将得到更多的政策支持和资金投入。这将为技术的研发和应用提供更加有利的条件,推动农网架空线路自动化技术的进一步普及和应用。

随着智能电网建设的不断推进,配电农网架空线路自动化应用将与智能电网建设相互促进、共同发展。智能电网建设将为自动化技术的应用提供更加广阔的平台,而自动化技术的应用也将为智能电网建设提供更加坚实的技术支撑。

配电农网架空线路自动化应用在未来具有广阔的发展前景和重要的战略意义。工程人员应该抓住机遇,加大投入力度,推动这一领域的技术创新和应用拓展,为农村电网的现代化建设做出更大的贡献。同时,工程人员也需要密切关注技术发展的动态和趋势,不断完善和优化自动化系统,确保其在未来的发展中始终保持领先地位。

二、宁夏回族自治区贺兰县的农村电网项目

在中国广袤的农村地区,配电网络作为核心基础设施,其现代化与智能化改造一直是重点工程。随着科技的飞速发展,架空线路自动化技术逐渐崭露头角,为农村电网的稳定运行提供了强大支撑。下面,工程人员将深入探讨一个配电农网架空线路自动化应用成功的具体案例,并分析其背后的原因和意义。贺兰县的农村电网项目被誉为国内配电自动化的璀璨明珠。这一创新性的项目不仅仅是一次技术的飞跃,更是对提高农村地区生活质量的有力承诺。通过先进的配电自动化技术,该项目大大提升了电力传输的效率和可靠性,从根本上改变了传统电网运作模式。

在项目的实施过程中,不仅注重了先进技术的应用,还融入了人性化的设计理念。这意味着农村居民在享受稳定电力供应的同时,也体验到了更为

第四章 配电农网架空线路自动化概论

智能、便捷的电力服务。同时，这个项目对环境保护也产生了积极影响，因为智能电网技术不仅能有效减少能源的浪费，还有助于降低碳排放，这对推动绿色能源的发展具有重大意义。

这个农村电网项目不仅在技术层面达到了国内领先水平，更在实践层面上为其他地区提供了宝贵的经验。它充分展示了中国在配电自动化领域的创新能力与决心，为全球的可持续发展目标做出了积极贡献。可以预见，随着更多类似项目的成功实施，中国将引领全球配电自动化领域迈向新的高峰。

（一）案例背景与实施细节

位于贺兰县的农村电网项目被视为国内配电自动化的典范。该项目的实施不仅提升了当地电网的运行效率，更为未来的农村电网建设提供了宝贵的经验。

在架空线路的自动化改造过程中，贺兰县采用了尖端技术与传统电网相结合的方式。具体措施包括：采用具备高灵敏度感知能力的传感器网络，实现对架空线路运行状态的实时监控；运用先进的通信技术，确保数据在主站层、子站层和终端层之间的快速传输；引入智能算法对收集到的数据进行处理，准确判断线路的运行状态和潜在故障；以及部署智能巡检机器人，减少人工巡检的工作强度，提高故障定位的准确性。

为了提升架空线路的防污、防尘能力，该地区还选用了具有优异绝缘性能和耐腐蚀性的新型材料，对线路进行升级改造。同时，针对不同气候条件下的线路运行状况进行深入研究，制定出相应的维护策略。

该项目在实施过程中，还高度重视环保与可持续发展。项目团队在设计和技术选择上力求创新，确保农村电网在提高运行效率的同时，降低对环境的影响。在架空线路的施工过程中，严格遵循环保规定，尽量减少对周边生态环境的破坏。此外，项目还积极推广绿色能源，如太阳能、风能等，鼓励农村居民使用清洁能源，降低碳排放。

除了环境保护，贺兰县还注重培养本地人才，提高农村电网建设和运维水平。通过组织培训课程，提高当地电工的技能水平，能够熟练掌握新型电网技术。同时，通过与高校和科研机构合作，培养一批专业技能过硬、具备创新精神的农村电网建设人才。这些举措为农村电网的可持续发展提供了有力保障。

项目的成功实施，使贺兰县农村电网的运行效率得到显著提升，供电可靠性得到极大提高。在未来，贺兰县将继续深化农村电网改革，积极探索新技术、新理念，为全国农村电网建设提供更多可借鉴的经验。同时，我国政府也将继续加大对农村电网建设的投入，推动农村电网向更高效、绿色、智能的方向发展，助力乡村振兴战略实施。

贺兰县农村电网项目为我国农村电网建设提供了有益的启示。通过创新技术手段和管理模式，提高了农村电网的运行效率和供电可靠性，有助于推动农村经济发展，提高农民生活水平。在未来的农村电网建设中，应继续深化体制改革，强化技术创新，注重人才培养，落实环保政策，为实现乡村振兴战略提供有力支持。

（二）技术应用与优化

除了硬件设备的升级，贺兰县还注重技术应用的深度融合与创新。例如，通过集成智能决策支持系统，实现对电网运行的优化调度。该系统结合了大数据分析、机器学习和专家系统等技术，能够根据实时数据预测电网负荷，评估线路健康状况，并提供针对性的优化建议。

为了提高架空线路应对自然灾害的能力，该地区还加强了线路的加固与防护措施。通过应用先进的材料科学和结构设计理念，研发出具有较强抗风、抗震能力的支撑塔架和导地线体系。

在继续推进技术应用与优化方面，贺兰县采取了一系列措施。首先，为了提高电力系统的可靠性和稳定性，贺兰县积极引入智能电网技术。通过构

第四章　配电农网架空线路自动化概论

建智能电网，实现对电力系统的实时监测和管理，从而降低故障发生的风险。智能电网技术还具有自愈功能，能在短时间内恢复供电，提高供电的连续性。

贺兰县高度重视能源互联网的建设。通过能源互联网，可以将各种清洁能源高效、安全地接入电网，提高能源利用率。同时，能源互联网还能实现能源的远程调度和优化配置，促进能源供需的平衡。这将有助于减少能源浪费，降低能源成本，推动绿色可持续发展。贺兰县还着力推进电力系统的智能化升级。通过部署智能电表、智能传感器等设备，实现对电力消耗的精准监测和分析。这有助于提高用电效率，降低电力盗窃现象，并为电力市场化改革提供数据支持。贺兰县已经完成了智能电表的普及工作，取得了显著的成效。

在人才培养方面，贺兰县加强与科研院所的合作，培养了一批具有创新精神和实践能力的电力技术人才。同时，通过组织各类技能培训，提高现有员工的技能水平，以适应电力行业发展的新需求。此外，贺兰县还积极引进海外高层次人才，推动电力技术创新和发展。

贺兰县在技术应用与优化方面取得了显著成果。在未来，贺兰县将继续加大技术创新力度，推动电力行业的可持续发展。通过深度融合先进技术，保障电力系统的安全、可靠、高效运行，为经济社会发展提供有力支持。同时，贺兰县还将积极应对自然灾害，加强电力设施的防护和抗灾能力，确保电力供应的稳定性。在政策扶持和市场机制的共同推动下，贺兰县的电力事业将不断迈上新的台阶。

（三）社会经济效益与推广价值

贺兰县农网配电自动化项目的成功实施，为当地带来了显著的社会经济效益。稳定可靠的电力供应促进了农业生产和农村经济发展，提高了居民生活质量。同时，自动化技术的应用还大幅减少了人工巡检和维修的工作量与成本。

配电农网架空线路自动化应用

这一成功案例为其他地区提供了宝贵的经验借鉴和推广价值。随着国家对农村电网建设的重视程度不断提高，架空线路自动化技术的应用前景十分广阔。未来，我们有望在全国范围内看到更多类似的项目取得成功，推动农村电网向智能化、高效化方向迈进。

随着科技的不断发展，配电农网架空线路自动化技术有望在未来实现更多的突破与创新。例如，通过引入更先进的传感器和通信技术，实现对线路运行状态的实时监测和预警，提高电网的可靠性和稳定性。同时，随着人工智能和大数据技术的进步，智能决策支持系统将更加精准地预测电网负荷和进行优化调度，进一步提高能源利用效率。

然而，我们也应意识到，实现架空线路自动化技术的大规模应用仍面临诸多挑战。首先，技术的成熟度和稳定性需要经过长时间的实践检验和改进。其次，对于一些偏远地区和经济欠发达地区，实施架空线路自动化技术的成本可能较高，需要政府和社会各界的支持。此外，如何确保数据安全和隐私保护也是一个亟待解决的问题。

为了克服这些挑战，我们需要加强研发力度，推动技术不断创新和完善。同时，政府应制定相应的政策和措施，提供资金支持和技术引导，鼓励更多的地区和企业参与到架空线路自动化技术的推广和应用中来。除了这些，加强国际合作与交流也是提升我国配电农网架空线路自动化技术水平的重要途径。贺兰县农网配电自动化项目的成功实践表明，架空线路自动化技术是推动农村电网现代化和智能化的关键因素。通过引入先进的传感器、通信、人工智能等技术，我们可以实现对架空线路的实时监测、预警、优化调度等功能，从而提高电网的运行效率和可靠性，满足农村地区日益增长的电力需求。然而，要实现架空线路自动化技术的广泛应用，我们还需要不断克服技术、经济、政策等方面的挑战。因此，我们需要继续加强研发、合作与交流，推动架空线路自动化技术的不断创新和完善，为农村电网的可持续发展做出更大的贡献。

第四章　配电农网架空线路自动化概论

三、遵义供电局配网自动化实践：开创智能化新纪元

在贵州省的崇山峻岭之间，一场深刻的电力革新正在进行，那就是遵义供电局与余庆供电局在110kV龙溪变10kV龙坪线进行了配网自动化主站与就地协同自愈模式试验，这个试验的完成开启了遵义市配电网络的新篇章，宣告了当地电网智能化时代的来临。

在那个春日午后，阳光斜洒在输电线上，映射出一道道金色的光束。技术人员紧张而有序地操作着，每一条指令都精确无误，每一次操作都事关重大。系统中的每一个元素，都像交响乐团中的乐器，各自承担着独特的旋律，共同演绎出一首电力自动化的颂歌。

试验开始前，大家心中都充满了期待与忐忑。成功，意味着将为整个地区带来更稳定、更高效的电力服务；失败，则可能使之前的努力付诸东流。但最终，在所有人的共同努力下，试验取得了圆满的成功。

那一刻，主站与就地的协同仿佛打破了时空的限制，故障检测、定位、隔离和非故障区段恢复等一系列动作如行云流水般完成，仅仅用时2min！这对于以往需要大量人力、物力和时间才能完成的故障处理工作来说，简直是一个奇迹。这一成就不仅仅是技术的胜利，更是对团队精神和不懈努力的最好回馈。

在试验过程中，电力工作人员针对出现的后台指令播报不准、参数不精准等问题，进行了现场研判和反复试验。他们不畏困难，迎难而上，最终攻克了难题，顺利完成了试验任务。

以10kV龙坪线为例，过去线路中任何一处出现故障，整条线路都会受到影响，导致停电。然而，通过智能化的配置和技术升级，该线路实现了分段控制。当某一处出现故障时，智能开关能够快速响应，将故障隔离在特定区域内，避免了对其他区域的影响。这样，非故障区域可以继续正常供电，提高了供电的可靠性。

智能化的配电自动化技术不仅提高了供电的可靠性，还为电力工作人员带来了极大的便利。通过实时监测和数据分析，工作人员能够及时发现潜在的故障隐患，提前采取措施进行维护和修复，有效降低了故障发生的概率。这能够缩短故障对用户造成的影响时间，同时提高供电的整体服务质量。

这一项成功的配电自动化试验，不仅仅是对技术的一次检验和证明，更是对电力工作人员辛勤付出和智慧的肯定。它为遵义市乃至全国的配电智能化发展提供了宝贵的经验和借鉴。相信在不久的将来，随着技术的不断进步和应用范围的扩大，配电自动化将在更多地区得到推广和应用，为人们的生活和工作带来更加便捷、可靠的电力服务。

未来，配电自动化技术将在更多地区得到推广和应用。随着技术的不断进步，配电自动化将更好地满足人们的生活和工作需求，为我国的社会经济发展提供更可靠的电力保障。同时，这也将对电力行业的产业结构和发展模式产生深远影响，推动电力行业的转型升级。

此次遵义市配电自动化试验的成功，是我国电力事业发展的重要里程碑。它既是对技术的一次成功验证，也是对电力工作人员辛勤付出的肯定。相信在未来的发展中，配电自动化技术将在全国范围内得到广泛应用，为我国的电力事业和社会发展注入新的活力。

四、江西省丰城市配电自动化案例

与此同时，在美丽的江西省丰城市，供电公司也利用配电自动化系统在10kV荣荣线汕田村D05开关后成功处理了一次BC相短路故障。当系统发出警报后，供电所所长迅速组织运维人员展开行动。他们像战士一样冲向故障现场。与过去相比，这种快速响应和处理的方式大大提高了工作效率，减少了停电时间，为当地居民和企业带来了实实在在的便利。

自2021年开始，江西丰城市供电公司高度重视智能配电网建设，尤其是配电自动化的实施。该项目的目标是提高配电网对瞬时故障的感知能力，

第四章　配电农网架空线路自动化概论

增强故障自愈能力，进而提升供电可靠性，提高用户获得电力指数。在这一过程中，袁斯文作为供用电部的"85后"员工，发挥了关键作用。

袁斯文在面对配电自动化运行存在的问题时，勇于挑战，逐个提出解决方案，显著提升了配电自动化的实用化水平。他的一项重要创新是利用自己研制的一款"FTU航插适配器"，带电将原有的智能真空断路器更换为FTU改造的智能断路器。这种方法不仅避免了资源浪费，减少了设备的大拆大建和停电检修的需要，而且为50余台旧开关自动化改造提供了解决方案，节约了建设成本150余万元。这一改进使得辖区内的206条配电网得以高效运行，真正实现了"运筹于帷幄之内，决胜于千里之外"。

为了进一步推动配电自动化建设，丰城市公司采取了以下策略：

（1）以用带建，打造示范工程。在供电所中，选择意愿较强的单位打造配电自动化样板工程。通过这种方式，可以缩小停电范围，缩短故障查找时间，从而激发其他供电所的建设积极性。

（2）以指标为风向标，落实供电所主体责任。加大停电时长、停电时户数等指标的考核力度，使供电所从被动接受任务转变为主动开展配电自动化建设。

在2022年，丰城市供电公司计划更换新建一二次融合断路器200余台，涉及线路140余条。在一季度内，攻坚组完成了100余台配电自动化新装及存量开关的调试、验收、投产及接入主站的工作。这一系列工作的完成使得终端在线率稳定在97%以上，配电有效覆盖率由7%提升至40%以上，居宜春地区首位。这一成就标志着丰城市供电公司配电自动化有效覆盖率及实用化水平从最初的追赶者角色，转变为现在的领先者地位。

江西丰城市供电公司在配电自动化方面的努力和创新不仅提高了供电的可靠性和效率，而且也推动了整个行业的进步。其中，袁斯文的贡献和成果提供了不小的助力。在未来的发展中，丰城市供电公司将继续深化配电自动

配电农网架空线路自动化应用

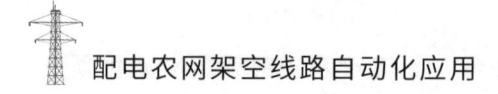

化技术的应用,提高配电网的运行效率和可靠性。电力人员计划扩大配电自动化的覆盖范围,提升自动化设备的配置和功能,进一步提高终端在线率和有效覆盖率。此外,他们还将加强对配电自动化系统的监控和维护,确保系统的稳定运行和及时响应。

丰城市供电公司也意识到,配电自动化技术的发展需要各方的合作和支持。电力人员将与合作伙伴共同研发新技术、新设备,推动配电自动化技术的创新和应用。他们也将积极与其他地区和行业的同行交流和分享经验,共同推动配电自动化技术的发展。

通过这些努力,丰城市供电公司相信,其能够为用户提供更加优质、可靠的电力服务,推动城市的经济发展和社会进步。而袁斯文等优秀员工的努力和贡献,将为这一目标的实现提供重要的支持和保障。

这个成功的案例不仅彰显了配电自动化技术的巨大潜力,更为我国电力行业未来的智能化发展铺平了道路。它们是技术进步的见证,是团队合作的胜利,更是对创新精神的最好诠释。

随着科技的不断发展,我们有理由相信,未来的配电网络将更加智能、高效和可靠。它将以更低的成本提供更高质量的电力服务,成为支撑社会经济持续发展的强大引擎。而这些成功的案例和经验,将成为我们前进道路上的宝贵财富和坚实基石。对于那些身处于现代化城市,享受着稳定电力供应的人们来说,这些成果似乎并不显著。然而,在偏远地区和农村地区,稳定的电力供应对于经济发展和人民生活水平的提高至关重要。通过实施配电自动化,我们可以更好地管理和监控电网的运行状况,及时发现和解决故障,减少停电时间,提高供电的可靠性和稳定性。

在高峰期,系统可以自动调整供电线路和电压,确保电力资源的合理利用,减少能源的浪费。而在低谷期,则可以利用这些富余的电力资源进行电网的维护和升级工作,进一步提高电网的运行效率。

第四章　配电农网架空线路自动化概论

当然，配电自动化的实施并非一帆风顺，它需要大量的资金和技术支持，同时也需要相关部门的配合和协作。但是，只要坚定信心，持续努力，相信在不久的将来，一定能够实现电网的全面智能化，为我国的经济发展和人民生活水平的提高做出更大的贡献。配电自动化是电力行业未来发展的必然趋势。它不仅可以提高供电的可靠性和稳定性，还可以更有效地分配电力资源，减少能源的浪费。

在推进配电自动化建设的过程中，丰城市供电公司始终坚持用户需求为导向，以提高供电可靠性和稳定性为目标，不断优化和完善配电自动化系统。电力人员深知，配电自动化不仅是一项技术革新，更是一种服务模式的转变，是实现能源互联网的重要组成部分。

为了确保配电自动化的可持续发展，丰城市供电公司不仅关注设备的更新换代，还重视人才的培养和技能的提升。公司定期组织培训活动，提高员工对配电自动化的认识和操作技能，确保员工在面对新技术、新挑战时能够迅速适应，为配电自动化的推进提供有力支持。

丰城市供电公司还积极开展对外合作，与国内外知名企业和科研机构建立合作关系，引进先进的技术和设备，共同研发适应我国电力市场需求的配电自动化解决方案。公司积极参与行业标准和规范的制定，推动行业技术的创新和进步。

在未来的发展中，丰城市供电公司将继续致力于配电自动化建设，扩大覆盖范围，提升终端在线率和有效覆盖率。公司还将加强对配电自动化系统的监控和维护，确保系统的稳定运行和及时响应。此外，公司还将积极探索配电自动化与能源互联网的深度融合，为构建智能、高效、可靠的电力系统奠定坚实基础。

丰城市供电公司在配电自动化方面的创新和实践，为我国电力行业的智能化发展提供了宝贵经验和示范。

配电农网架空线路自动化应用

第六节　配电农网架空线路自动化经验总结

自 21 世纪初以来，我国农村电网开始逐步实现配电农网架空线路自动化。这一过程并非一帆风顺，而是经历了多次技术革新和突破。最初，架空线路的监测主要依靠人工巡检，这种方式不仅效率低下，而且容易受到环境、天气等因素的影响。随着科技的不断进步，各种自动化、智能化设备开始被应用到架空线路的监测和维护中。这些设备利用先进的传感器、通信技术等手段，实现了对线路运行状态的实时监测和预警，大大提高了工作效率和准确度。

经过多年的发展，配电农网架空线路自动化已经取得了显著的成果。智能巡检系统、故障定位系统等的应用，使得线路的巡检、故障排查等工作得以高效完成。这些系统利用先进的传感器和通信技术，能够实时监测线路的运行状态，及时发现潜在的问题和故障。同时，通过与 GIS（地理信息系统）、大数据、云计算等技术的结合，架空线路的运行状态、设备信息等可以实现实时监控和数据分析。这为决策者提供了更加全面、准确的数据支持，有助于做出更加科学、合理的决策。

但是在一些地区，由于设备老旧、技术落后等问题，自动化的推进受到了一定的限制。同时，随着架空线路越来越复杂、覆盖面越来越广，如何确保数据安全、防范网络风险也成为一个亟待解决的问题。

随着配电自动化技术的不断成熟和普及，我国电力行业正迈向一个更加智能、高效、可靠的未来。在这个进程中，无数像袁斯文这样的电力工作者发挥着自己的聪明才智，为电力事业的繁荣发展贡献自己的力量。让我们向他们致敬，为他们的创新精神和敬业态度点赞。

电力行业的智能化发展不仅需要技术创新和设备升级，更需要全体从业

第四章　配电农网架空线路自动化概论

者的共同努力。配电农网架空线路自动化是当前电力行业发展的重要趋势。随着科技的飞速进步，架空线路自动化经历了从无到有、从简单到复杂的过程。从传统的人工巡检到如今的智能自动化监测，这一转变不仅极大地提高了工作效率，还为电网的稳定运行提供了有力保障。

随着科技的不断发展，配电农网架空线路自动化有着广阔的发展前景。首先，全面智能化将成为未来的重要趋势。随着大数据技术的不断发展，我们将能够更加深入地了解架空线路的运行状况，预测可能出现的问题，从而提前采取措施，减少故障发生。这不仅有助于提高电网的稳定性，还能为决策者提供更加科学、准确的数据支持。

我们也可通过物联网、5G等技术的进一步应用，架空线路将具备自感知、自诊断、自修复等功能，实现更加智能化的运维管理。这将大大提高运维效率，减少人工干预和误差。

在可持续发展理念的指导下，未来的架空线路将更加注重环保和节能。通过采用新型材料、优化线路布局等措施，降低线路的能耗和碳排放，为绿色能源的发展提供有力支持。

在安全防护方面，未来的架空线路自动化将进一步加强安全防护措施，确保自动化系统免受攻击和威胁，保障数据的安全性和完整性。同时，为了应对日益复杂的网络攻击和威胁，需要不断提高安全防护的技术水平和专业能力。

电力、通信、交通等多个部门之间的合作将更加紧密，共同推进架空线路自动化的进程。通过加强部门间的沟通和协作，可以更好地整合资源、优化配置，提高工作效率和协同效应。

在人才培养方面，未来将需要更多具备专业技能和创新思维的复合型人才来支撑架空线路自动化的持续发展。因此，需要加强人才培养和引进工作，为行业的发展提供充足的人才储备和支持。

为了确保架空线路自动化的互操作性和兼容性，需要制定相关标准和规范，加强标准化工作建设。通过制定统一的标准和规范，可以促进不同厂家和系统之间的互联互通和信息共享，推动行业的健康发展。

随着自动化技术的不断完善和创新应用的不断涌现，我们应该保持对科技的敏锐嗅觉，抓住发展机遇，不断提升和发展配电农网架空线路自动化技术。只有这样，我们才能更好地应对未来电力行业的发展挑战，确保电网的稳定运行，提高供电服务质量，满足广大农村地区日益增长的用电需求。

第五章
架空线路自动化应用中的
关键技术与挑战

架空线路自动化技术的应用,不仅保障了架空线路的安全稳定运行,同时也提高了工作效率,让人们能够更加安心地享受现代社会所带来的便利,这一系统汇聚了先进的人工智能技术,能够实时监测架空线路的运行状态,随时发现并排除潜在的故障隐患。当线路出现异常时,系统会立即做出响应,通知相关部门进行处理,保障电力供应的稳定性,为人们的生活保驾护航。

而在架空线路自动化应用的背后,更隐藏着大数据分析技术的重要支撑。通过对海量数据的搜集、整理和分析,人们可以更好地了解架空线路的运行情况,预测未来可能出现的问题,从而采取相应的措施,提高线路的运行效率和安全性。大数据分析技术的应用,不仅让管理者能够更加科学地制定规划,还让广大用户能够享受到更加稳定、便捷的电力服务。

第一节 架空线路自动化应用中的关键技术

一、通信技术

通信技术是指实现信息传递和交流的一系列技术方法。不论是从古代的书信,还是到现代的电信、互联网通信等,随着科技的发展进步,通信技术

配电农网架空线路自动化应用

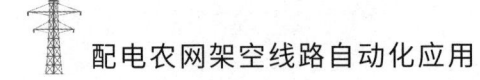

也在不断演进，是人类的生活之中最为快速、便捷的沟通方式。发展至今，通信技术的应用领域不仅在日常的对话与交互之中有所使用，而且在自动化应用中的作用开始逐步壮大。通信技术包括无线通信技术和有线通信技术。

（一）无线通信技术

是一种无须通过有线介质，而是通过无线电波、微波、光波等无线信号实现信息传递的技术。它们与电子技术相伴相生，无线通信技术逐渐应用于民用领域，如电话、短信等。近年来，正是移动通信兴起的时代，它开始走进千家万户，慢慢地，人们离不开它，无线通信技术得到了前所未有的发展。从2G到4G，再到当前的5G，移动通信技术不断升级，不仅提高了通信速度，还开启了物联网、智慧城市等新时代，并在我国的通信领域中扮演着不可或缺的角色。

在自动化应用中，无线通信技术起到了桥梁作用，它将各类传感器、控制器、执行器等设备连接起来，实现数据的传输和信息的共享。而架空线路作为电力系统的重要组成部分，承担着电能传输中最重要的任务。为确保架空线路的安全运行，无线通信技术无时无刻不在监测、控制和管理方面发挥作用，形成了以 GPRS/CDMA 和数字传输电台为主要代表的两种无线通信技术。

（1）GPRS/CDMA 无线通信技术广泛应用于偏远地区的无线通信，主要包括 GPRS 和 CDMA 两种技术。GPRS（通用无线分组业务）是中国移动开发运营的基于 GSM 通信系统的无线分组交换技术，介于第二代和第三代之间，通常被称为2.5G。CDMA（码分多址）是一种基于码分技术和多址技术的新型无线通信系统，其原理是基于扩频技术。

在架空线路中，GPRS/CDMA 无线通信技术主要用于监测系统和控制系统。

①实时性：GPRS/CDMA 技术能够实现实时在线监测，及时反映架空线路的运行状态，无须工作人员时刻巡逻检验，只用通过远程监控即可实现对

第五章　架空线路自动化应用中的关键技术与挑战

于现场的勘测，减轻了人员的工作负担，为解决问题提供了新方案。

②大数据传输可提供多种可行性：GPRS/CDMA技术具有较高的数据传输速率，可满足架空线路监测系统中大量数据传输的需求。

③GPRS/CDMA技术在恶劣环境下具有较好的稳定性，这是其优势所在：耐用性好。

④投资成本低但不廉价：与传统有线监测系统相比，GPRS/CDMA无线通信技术的一次性投资较低，且无须后期维护费用。除去了后期的维护成本，资金的利用将变得更为灵活。

（2）数字传输电台通信技术是一种无线数据传输技术，具有数字信号处理、数字调制解调、前向纠错、平衡软判断等功能。数字传输电台的工作频率多为220~240MHz或400~470MHz，适用于恶劣环境，适应性强。

在架空线路中，数字传输电台通信技术主要应用于配电自动化系统、故障测距系统、通信系统等等。数字传输电台通信技术在架空线路中发挥着无可替代的作用。

无线通信技术在架空线路的监测、控制和管理方面所具有的显著优势，为保证架空线路的安全运行提供了有力支持。加之衍生出的GPRS/CDMA和数字传输电台通信技术的使用，让很多企业看见了美好的发展前景，随着无线通信技术的不断发展和优化，其在架空线路中的应用将进一步拓展。

（二）有线通信技术

在历史演进的过程中，有线通信技术不仅推动了产业进步，而且还带来了一场新的社会变革，影响着人们的生活方式。有线通信技术是一种通过导线或光纤等有线媒介传输信号的通信技术。自从人类文明开始以来，有线通信就已经在一些形式中得到了应用。

历史的继续演进，为人类呈现出了新的历史阶段，展示出了未曾见过的一面，有线通信技术得到了不断的发展和优化。光电电话、光纤通信、数字通信等技术逐步取代了传统的电信方式，使得通信速率更快、信号质量更高、

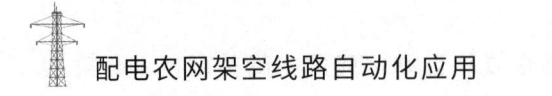

覆盖范围更广。

如今，有线通信技术已经成了现代通信网络的重要组成部分，是全球范围的信息交流场。

有线通信技术，主要有电话通信、电报通信、数据通信、光纤通信、卫星通信和电视通信等方式。

（1）电话通信：可以认为，电话通信是最早的有线通信技术之一，它通过导线传输音频信号，实现人们之间的日常对话。电信网中的电话通信可分为固定电话和移动电话两种。固定电话通过电话线连接用户和交换机，而移动电话则利用无线电传输信号。

（2）电报通信：电报通信是一种基于电磁信号传输的通信方式，通过编码和解码实现信息的传输，这是一种较为复杂，并非所有人都能够掌握的技能。电报通信速度相对较慢，但可靠性较高，曾在历史上扮演过重要角色，它的历史地位和作用不容忽视。

（3）数据通信：数据通信是以数字信号传输数据的技术。它主要包括数字传输系统、数据交换设备和网络设备等。数据通信速度快、稳定性高，广泛应用于企业、互联网和物联网等领域。

（4）光纤通信：光纤通信是一种利用光导纤维传输光信号的通信技术。相较于传统的有线通信，光纤通信具有传输速度快、抗干扰性强、质量轻等优点。

（5）通信卫星：通信卫星通过接收、处理和发射无线电信号，实现了跨越地球表面任意两点之间的通信，如电话、互联网、广播和电视传输等，通信卫星是现代通信技术的重要载体。当前阶段，通信卫星可分为地球同步卫星、中轨卫星和低轨卫星等不同类型。通信卫星带来了很多好处，它可以实现全球范围内的通信覆盖，特别是在海洋、沙漠、极地等偏远地区，通信卫星成了唯一的通信手段；它还采用了数字化和多路复用技术，提供较高的传输速率，满足各类通信需求；因为通信卫星信号需要长期在太空中传播，

第五章　架空线路自动化应用中的关键技术与挑战

所以具备着很强的抗干扰能力,保证了通信的稳定性和可靠性;为了实现更高效、更具创新性和可持续性的发展,通信卫星做到了可以实现多种通信方式的集成,减少了重复建设地面通信设施的需求,节省了土地和其他资源。

(6)有线电视:有线电视是一种通过有线网络传输广播电视信号的通信技术,为我国的广播电视事业带来了新的机遇,推动了文化产业的发展。有线电视网络现已发展成为多媒体信息传输平台,提供各类数字电视、互动电视和宽带互联网等服务。

有线电视信号稳定,画面清晰,用户可以在家中享受到高质量的电影、电视剧、新闻等节目,它汇集了国内外众多频道,为观众提供了丰富的节目资源。此外,有线电视还不断推出自制节目,满足不同受众的需求。一方面,它承载着传播先进文化、提高人民群众素质的使命,另一方面,通过有线电视,我们可以接触到世界各地的文化,拓宽视野,增强国家文化软实力。有线电视行业的快速发展带动了相关产业的繁荣,如设备制造、网络建设、内容制作等。同时,有线电视为广告商提供了新的传播平台,进一步推动了文化产业的发展。随着互联网技术的出现,有线电视逐渐实现智能化,用户可以通过手机、平板等移动设备进行观看,还可以实现视频点播、互动游戏等功能,为观众带来更加便捷的观影体验。教育事业的进步,得益于有线电视提供了丰富的教育资源,如科普频道、教育频道等,这些栏目的持续播放,有助于普及科学知识、提高全民素质。有线电视网络在自然灾害、突发事件等情况下,可以作为应急通信手段,为政府、企事业单位和人民群众提供重要信息和相关服务。

在现代通信领域,无线通信技术和有线通信技术各自具有独特的优势和应用场景,它们在很大程度上满足了不同行业和用户的需求。在实际应用中,无线通信技术和有线通信技术往往相互补充。例如,在远程地区或者基础设施较少的区域,无线通信技术可以快速搭建通信网络,实现联网覆盖;而在

配电农网架空线路自动化应用

人口密集或有特殊通信需求的地区，有线通信技术可以提供更高品质的通信服务。同时，有线通信技术可以为无线通信技术提供回传支持，提高无线通信网络的性能。无论是无线通信技术也好，有线通信技术也罢，哪一种都不应该被片面地丢弃，二者应该相辅相成，缺少了哪一方，对于社会进步而言都是不利的选择，在未来，我们可以期待无线通信技术和有线通信技术在更多领域发挥各自优势，共同推动通信行业的繁荣。

二、控制技术

控制技术是指用于监控和调节系统或设备运行的一类技术方法。控制技术的目标是实现系统或设备的安全、稳定、高效运行，提高生产效率和产品质量，降低能耗和环境污染。控制技术的使用是多方面的，我们不能仅仅从字面上去理解它的含义。

（1）确保线路安全：架空线路在建设和运行过程中，需要采取一系列控制技术来确保线路的安全稳定。许多设备具有的参数根据电压等级和环境条件选择合适的电杆、导线、绝缘子等设备，以满足其机械强度、绝缘性能等方面的要求，在实施过程中，需遵循相关安全距离规定，避免在建工程、起重机等作业过程中对架空线路造成安全隐患。

（2）提高供电可靠性：通过控制技术，可以对架空线路的运行状态进行实时监控，及时发现并排除故障。采用自动化监测系统，对线路的温度、湿度、风速等环境因素进行监测，以便在恶劣天气条件下采取相应措施，确保线路运行稳定，并且定时性地增强对绝缘子的维护和检修，提高其绝缘性能，降低故障率。

（3）优化线路布局：在规划架空线路时，应充分考虑地形、地貌、土地利用等因素，尽量减少对农田、林地、水源等的影响。同时，在遵循整体美化的原则下，采用隐蔽式、景观式等设计，降低架空线路对城市景观的影响。

（4）节约能源与资源：采用高效节能型导线，提高导线的截面面积，

第五章 架空线路自动化应用中的关键技术与挑战

降低电阻，减少电能损耗，包括优化塔架设计，采用轻型、高强度材料，降低架空线路的自重，减少杆塔占用土地资源。

（5）智能化发展：随着人工智能、大数据、云计算等技术的发展，架空线路的控制技术也将迈向智能化。

（6）利用无人机进行巡检，提高巡检效率和准确性：通过数据分析和预测，实现对架空线路运行状态的智能诊断，提前发现潜在隐患，降低故障风险，这也是在为居民的生活保驾护航。

这几年来，我国的经济飞速发展，电力系统在国民经济中的地位日益重要，而架空线路作为电力系统的重要组成部分，其安全稳定运行直接关系到整个电力系统的正常运行，任何环节的出错，都会带来致命的打击。

近年来，自适应控制技术在架空线路中的应用得到了更为广泛的关注，为提高架空线路的运行效率和安全性能提供了有效支撑。

自适应控制技术是一种在系统输入和输出之间建立模型，并通过调整控制策略来实现系统稳定和性能优化的控制方法。随着电力电子技术、微电子技术和信息技术的发展，自适应控制技术在许多领域得到了广泛的应用和研究，现代交流传动控制系统的发展趋势是智能化、模块化、数字化和高频化，电机控制技术进入了以现代控制理论的应用为特征的新的发展阶段，自适应控制技术的核心是在线实时调整控制参数，以适应系统的不确定性和时变性。

把自适应控制技术运用于架空线路，有必要在架空线路运行过程中，根据线路的实时状态和环境变化，自动调整控制参数，使线路始终保持在安全稳定状态。该技术具有实时性、智能化、高效性等特点，可有效提高架空线路的运行质量和可靠性。

自适应控制技术的应用如下。

（1）线路温度控制：自适应控制技术可根据架空线路的实时温度变化，自动调整输电线路的运行参数，以防止线路因温度过高而引发的安全事故，这种功能类似于传感器。例如，在高温季节，自适应控制技术可以实现在线路运行过程中对输电导线的风速、温度等进行实时监测，并根据监测数据自动调整线路的运行状态，以确保线路的安全运行，减轻了隐患。

（2）抗风振控制：所谓的抗风振技术，这是一种针对风致振动问题进行的控制方法，主要应用于建筑物、桥梁、塔架等结构物，风振控制技术的目的是减小风致振动对结构物正常使用和寿命的影响，提高结构物的安全性。

抗风振技术被划分为被动抗风振控制技术、主动抗风振控制技术、半主动抗风振控制技术、智能抗风振控制技术。不管是哪种技术，抗风振控制技术的发展会变得越来越成熟，为我国建筑物、桥梁等结构提供更加有效的风振控制方案。需特别注重以下几方面：抗风振控制方法的高效性和稳定性；抗风振控制技术在不同结构物中的应用；抗风振控制技术在复杂风环境下的性能；抗风振控制技术的智能化和自适应化发展。

架空线路在风作用下容易产生振动，进而影响线路的稳定运行，自适应控制技术可以实时监测风力及线路振动情况，根据风速、振动幅度等参数自动调整线路的抗风振控制策略，从而提高线路的抗风振能力。

（3）故障诊断与预测：自适应控制技术通过对架空线路的实时监测，可以及时发现线路潜在的故障隐患，并提前进行预警和处理。在遇到线路导线腐蚀、金具老化等方面的麻烦时，自适应控制技术可以实时监测线路状态，根据监测数据进行故障诊断，及时为运维人员提供依据，这种诊断与预测的精确性，是超越目前的人力的。

（4）运行优化：自适应控制技术可以对架空线路的运行进行优化，根据线路实时状态调整运行参数，提高线路的运行效率，当电力系统负荷波动时，自适应控制技术可以实时调整线路的输电容量，及时为出现了异常的区域输送电力，可以确保电力系统的稳定运行。

为了能够带来更优秀的体验，自适应控制技术也在不断地创新和发展，

第五章 架空线路自动化应用中的关键技术与挑战

具体表现在以下几个方面。

（1）算法优化：自适应控制算法是自适应控制技术的核心，近年来，研究人员在算法优化方面进行了大量的研究，旨在提高控制系统的性能。基于模型预测控制的自适应算法、神经网络自适应控制算法、模糊自适应控制算法等，这些算法在不同的应用场景中取得了良好的控制效果。

（2）结构改进：为了提高自适应控制系统的稳定性，研究人员在系统结构上进行了改进。采用分层自适应控制结构，将自适应控制分为多个层次，从而降低了单一自适应控制器的设计难度，另有研究人员提出了一种基于多变量自适应控制的结构，通过对多个变量进行自适应调节，提高了系统的控制性能。

（3）应用拓展：自适应控制技术在传统领域的应用不断加深，同时在新兴领域也有了广泛的应用。在新能源领域，自适应控制技术用于风能和太阳能发电系统的最大功率点跟踪控制；在生物医学领域，自适应控制技术应用于人工心脏起搏器和人工关节等医疗设备中。

（4）与其他技术的融合：自适应控制技术不断与其他技术融合，形成更为先进和智能的控制系统。可将自适应控制技术与计算机视觉技术相结合，实现对复杂环境的自动适应和目标跟踪；也可将自适应控制技术与物联网技术相结合，构建智能家居控制系统，实现家庭设备的智能控制。

（5）跨学科研究：自适应控制技术的创新还体现在跨学科研究上。研究人员将生物学、神经科学等领域的研究成果应用于自适应控制技术，借鉴生物体的自适应调节机制，设计出更为智能和灵活的控制算法。

三、保护技术

保护技术是一个广泛的概念，涵盖了众多领域，如信息安全、知识产权、生物识别等。在当前数字化时代，保护技术的重要性日益凸显，因为它关系到个人信息、企业商业机密乃至国家利益的安全。

配电农网架空线路自动化应用

架空线路在我国的电力系统中发挥着重要作用,然而,因其暴露在自然环境中,易受到雷击、风害、污闪等自然灾害和人为因素的影响,导致线路故障和事故,为了提高架空线路的安全性和可靠性,保护技术在架空线路中的应用便显得尤为重要。

防雷保护是架空线路保护中至关重要的一环,雷击是架空线路故障的主要原因之一,所以要对线路进行有效的防雷保护。常见的防雷保护措施包括:

(1)架设避雷线:避雷线是防止雷击的主要手段,通过将雷电引向地面,降低雷电对架空线路的影响。

(2)复合绝缘子并联间隙防雷保护:在复合绝缘子并联间隙安装防雷装置,以减小雷电冲击对线路的影响。

(3)降低接地电阻:通过提高接地电阻的接地网,增强架空线路的防雷能力。

为了减轻风害对架空线路的影响,合理地利用替补方案,使架空线路继续维持下去,并且得到多数人的认可的保证。

(1)合理选材:选用抗风能力强的新型材料,提高架空线路的抗风性能。

(2)加强塔架设计:优化塔架结构,提高其抗风能力。

(3)防风拉线:在风力较大的地区,设置防风拉线,以稳定塔架。

(4)绝缘子串优化:是架空线路的核心部件,其性能直接影响到线路的安全运行。为了提高绝缘子串的性能,可以采取以下措施:

①选用高品质绝缘子:采用高性能的绝缘子,提高绝缘性能。

②优化绝缘子串设计:根据线路所处环境,合理配置绝缘子串,以提高其绝缘性能。

③定期检测:对绝缘子串进行定期检测,及时发现并处理潜在隐患。

下面介绍两种常用的保护技术,故障检测与定位技术和快速断路器技术,它们在电力系统中具有密切的关系,它们相互协作,共同保障电力系统的安

第五章 架空线路自动化应用中的关键技术与挑战

全稳定运行,提高系统的可靠性和运行效率。在电力系统运维管理中,应充分发挥这两项技术的作用,取其精华,确保电力系统的安全稳定运行。

(1)故障检测与定位技术:这项技术能确保供电系统的稳定运行,减少停电事故的发生,保障生产和生活用电的正常供应。

配网自动化是指以一次网架及相关设备为基础,以配电自动化系统为核心,借助多种通信方式,实现对配电系统运行状态的监控,并通过与其他系统的信息集成,对配电系统进行科学化、规范化的管理。配电自动化系统的主要功能包括馈线自动化、配电 SCADA、通信监视、故障处理、系统互联和电网分析等。

配网自动化的安全性及稳定性直接关系到生产和生活用电的正常供应,因此要及时对故障进行检测定位,及时准确地检测定位故障,可以有利于:隔离故障区域,确保非故障区供电系统的稳定性;减少停电范围,提高供电可靠性和电能质量;降低故障处理成本,提高电力系统的运行效率。

①故障指示器定位技术:故障指示器是一种用于检测电力系统中故障信息的装置,通过分析故障指示器发出的信号,可以定位故障发生的位置,故障指示器定位技术具有响应速度快、定位精度高等特点,适用于不同类型的电力系统。

②馈线终端故障检测定位技术:馈线终端故障检测定位技术是通过对馈线终端的电压、电流等参数进行实时监测,结合系统拓扑结构和故障诊断算法,实现故障定位,该技术具有抗干扰能力强、适应性强、定位准确等特点。

随着我国经济的快速发展和电力需求的不断增长,架空输电线路的安全运行和可靠性显得尤为重要。架空线路故障检测与定位技术是确保电力供应稳定、降低故障处理时间、提高工作效率的关键手段。

首先,故障检测与定位技术可以提高电力供应的稳定性。电力是现代社会不可或缺的能源,任何一次故障都将对生产和生活造成很大的影响,通过运用先进的故障检测与定位技术，可以在最短时间内找到故障点，及时进行维修恢复供电，从而提高电力供应的稳定性和可靠性。

其次，故障检测与定位技术可以缩短故障处理时间。故障是电力线路中难以避免的问题，但是通过采用先进的故障检测与定位技术，电力工程师可以快速确定故障点及类型，并能够根据具体情况选择适当的维修方式，从而缩短故障处理时间，降低成本。

再次，故障检测与定位技术可以提高工作效率。传统的故障排查主要依靠人工去逐一排查线路，效率极低。而采用故障检测与定位技术可以实现自动化排查故障，提高工作效率，让电力工程师能够更加高效地进行工作，从而节约时间和人力成本。

最后，故障检测与定位技术具有高精度。通过多个通道进行数据采集和分析，精确度高，能够快速准确地确定故障点，避免盲目维修和误判。该技术的好处很多，但也有一些注意事项．

第一，在实际应用中，故障检测定位技术需与配网自动化系统紧密结合，实现对电力系统的实时监测和故障处理，争取做到把事故即将发生的苗头掐灭。

第二，选择合适的故障检测定位技术，考虑系统的实际情况，如电力系统的规模、结构、设备类型等，充分考虑多方面的因素，一直以来是一件实验前或者实验中很重要的事情，这可以避免许多浪费，做到高效地解决问题。

第三，注重故障检测定位技术的可靠性和准确性，以减少误报和漏报现象，提高供电系统的稳定运行，良好的维修系统是强大的后勤保障，及时修复出现的漏洞，让技术的发展趋于利处。

同样地，它面临着诸多的挑战，譬如在检测产品弧面和圆柱面时，由于不同的人对缺陷有不同的定义，以及摄像机和透镜等因素的影响，很难检测到曲面或圆柱面上不同位置的缺陷，会造成人为性偏差；视觉检测方法很难

第五章 架空线路自动化应用中的关键技术与挑战

检测出产品内部的缺陷，尤其是细长零件的内部缺陷，尽管这是一个挑战，但通过长期的研究和实践，仍有可能找到解决方案。

在实际应用中，电缆缺陷检测面临一些困难，如局放信号的精准定位和电缆水树缺陷的查找，这些问题需要采用更先进的技术和设备来解决；故障检测技术通常涉及大量数据的收集和分析，在这个过程中，需要我们摸索出有效地处理和分析数据以得出准确的结论的办法；环境因素如光线、温度、湿度等可能影响故障检测技术的准确性，克服这些影响因素是提高检测技术可靠性的关键。

高级故障检测技术往往需要投入高昂的成本购买设备和维护，实际上这对于许多企业和组织来说可能是一个负担；为了有效地运用故障检测技术，需要有专业的人才进行操作和维护，这意味着企业需要投入资源进行员工培训。

（2）快速断路器技术是一种应用于电气领域的保护设备，主要用于切断或闭合高压电路中的空载电流和负荷电流，在系统发生故障时，通过继电器保护装置的作用，快速断路器能够切断过负荷电流和短路电流。

快速断路器的主要类型包括油断路器（如多油断路器和少油断路器）、六氟化硫断路器（SF6 断路器）、压缩空气断路器以及真空断路器等。各种类型的快速断路器都有其特点和适用范围，例如油断路器适用于较高电压等级的场合，而真空断路器则在小电流场合具有较好的性能。

快速断路器的主要技术参数包括：

① 额定电压：指断路器长时间运行能够承受的正常工作电压，决定了断路器的绝缘水平和总体尺寸。

② 最高工作电压：考虑输电线路的电压降，线路供电端母线电压高于受电端母线电压，使断路器可能在高于额定电压下长期工作。最高工作电压是断路器能够承受的最高电压，一般为额定电压的 1.15 倍（220kV 及以下

设备）或1.1倍（330kV设备）。

③额定电流：指断路器在额定容量下允许长期通过的工作电流，决定了断路器接头和导电部分的截面积，也在一定程度上决定了其结构。

④额定开断电流：是体现断路器开断能力的依据，指在额定电压下，断路器能够开断的电流最大值。

⑤动稳定电流：又称极限通过电流，指断路器在短时间内能承受的最大电流。

此外，快速断路器还应满足一定的环境条件，如周围空气温度、海拔高度、大气相对湿度、污染等级等。在使用快速断路器时，还需注意安装类别、外磁场强度、安装垂直度等方面的要求。

在电力系统中，快速断路器技术能迅速切断故障电路，防止故障扩散，降低系统损耗，确保供电的稳定性和安全性。

首先，快速断路器技术在架空线路中的应用能够提高供电的可靠性。当线路发生故障时，快速断路器可以迅速切断故障电路，防止故障影响到正常的供电，这保障了电力系统的稳定运行，满足了人们的生产和生活需求。

其次，快速断路器技术可以降低故障造成的损失。故障扩散会导致电力系统的损耗增加，甚至可能引发更大的事故，快速断路器的应用可以有效地遏制故障的扩散，减少故障造成的损失。

再次，快速断路器技术可以提高电力系统的安全性。在故障发生后，快速断路器能够迅速切断电源，降低人员伤亡和设备损坏的风险。

最后，快速断路器技术还能够提高电力系统的运行效率，通过自动化的故障检测和切断，可以大大减少故障处理的时间，提高电力系统的运行效率。

可是新兴技术的出现，并不意味着所有的企业都能够使用，其中也隐藏着不足。

①设备成本较高：快速断路器本身的制造和安装成本相对较高，尤其

第五章　架空线路自动化应用中的关键技术与挑战

是在架空线路中，由于线路长度和复杂性的增加，导致快速断路器的安装和维护成本上升。

②技术门槛较高：快速断路器技术的研发和应用需要专业的人才和技术支持，这在一定程度上限制了其在电力系统中的应用和推广。

③系统稳定性影响：在某些情况下，快速断路器的频繁动作可能会对电力系统的稳定性产生影响，尤其是在短时故障的情况下，快速断路器的动作可能导致系统内的电压、频率等参数发生波动。

④设备选型和配置问题：快速断路器的选型和配置需要根据线路的特性和负荷情况进行，否则可能会出现快速断路器无法有效切断故障电路或过度切断正常电路的情况。

⑤故障诊断准确性：快速断路器在故障诊断方面存在一定的局限性，尤其是在复杂电力系统中，故障类型的判断可能存在误判，从而导致快速断路器的动作不准确。

⑥环境保护问题：快速断路器中的储能元件在故障切断过程中可能会产生电磁干扰和电磁辐射，对周围环境和设备产生一定的影响。

⑦电力系统可靠性下降：在某些情况下，快速断路器的应用可能导致电力系统的可靠性下降，在故障切除后，如果快速断路器无法立即合闸，将可能导致供电中断时间延长。

⑧设备疲劳问题：快速断路器在频繁动作过程中，可能会导致设备的疲劳损伤，从而影响其使用寿命和可靠性。

四、数据采集、传输、处理与分析技术

数据采集与传输技术是一种在多个领域具有重要应用价值的技术，包括但不限于工业自动化、医疗健康、环境监测、智能家居等。它涉及的核心问题是如何高效、稳定、准确地收集和传输数据。

（1）数据采集技术是指从各种传感器、设备或系统中获取所需信息的

过程。它涉及信号处理、数据转换、通信协议等多个方面。常见的数据采集方法包括下几类以。

①模拟量采集：通过传感器将物理量（如温度、压力、位移等）转换为电信号，再通过模拟–数字转换器（ADC）将模拟信号转换为数字信号。

②数字量采集：直接从数字传感器或设备中获取数字信号，如编码器、称重传感器等。

③网络采集：通过以太网、串口、无线网络等通信协议，从远程设备或系统中获取数据。

架空输电线路是电力系统中至关重要的组成部分，它连接着发电厂、变电站和用户，承担着电能传输的任务，随着电力系统规模的不断扩大和社会对电力需求的增长，架空线路的运行效率和安全性愈发受到重视。

在架空线路的运行过程中，故障检测与定位、运行状态监测、保护与控制等问题一直困扰着电力工程师。近年来，数据采集与传输技术的发展为架空线路带来了新的解决方案。

①故障检测与定位：在架空输电线路中，故障的及时检测和定位是提高系统运行效率和可靠性的关键，数据采集技术可以通过在线监测输电线路的各种参数（如电流、电压、温度等），实时判断线路运行状态，发现异常情况，从而及时进行故障检测和定位。

②线路状态监测：通过对输电线路的实时数据采集。第一，可以监测线路的机械状态、绝缘状态等，评估线路的健康状况，为线路的运行维护提供依据。第二，数据采集技术还可以用于监测输电线路的气象条件，如风速、雨量等，以便在恶劣天气条件下采取相应的防护措施。

大数据技术使得从海量的数据中挖掘有价值的信息成为可能。我们能够看到充满数据发挥着作用的前景的未来。

①互联网数据采集：针对网站、移动应用等互联网环境中的数据进行

第五章　架空线路自动化应用中的关键技术与挑战

采集，例如用户行为数据、点击日志、搜索记录等，这些数据可以帮助企业分析用户需求、优化产品功能和提高广告投放效果。

②企业内部数据采集：对企业的内部数据进行采集，包括数据库数据、业务系统日志、操作系统的日志等，这部分数据是帮助企业进行内部运营分析、故障排查和安全管理的坚实基础。

③物联网数据采集：针对传感器设备所产生的大量数据进行采集，包括环境监测数据、设备运行状态等，都在为设备远程监控、故障预测和智能决策做准备。

④电信行业数据采集：通过探针技术采集电信网络中的数据，如用户通话记录、上网行为等，对这些日常生活中最普通、与我们生活最密切相关的数据进行记录，对电信公司进行网络优化、套餐设计和服务升级等方面操作。

⑤金融行业数据采集：采集金融机构的用户交易数据、行为数据等，用于反欺诈、风险评估、客户画像等业务场景。

⑥医疗行业数据采集：采集医疗设备、就诊记录、患者健康数据等，用于疾病诊断、疗效评估和智能医疗方案设计。

⑦教育行业数据采集：收集学生的学习行为数据、考试成绩等，帮助教育机构进行教学质量评估、个性化推荐和人才培养。

⑧政府公共数据采集：采集政府机构产生的公共数据，如气象数据、地理信息数据等，为政府决策、城市管理和公众服务提供数据支持。

（2）数据传输技术是指将采集到的数据从发送端传输到接收端的过程。根据传输距离、速度、可靠性等要求，可以选择不同的传输方式，如有线传输、无线传输、光纤传输等。常见的数据传输技术包括下以几类。

①有线传输：利用电缆、电线等物理媒介进行数据传输，如 RS-485、CAN 总线等。

②无线传输：通过无线电波、红外线等无线信号进行数据传输，如蓝牙、Wi-Fi、ZigBee等。

③光纤传输：利用光纤电缆进行数据传输，具有高速、低延迟、抗干扰等特点。

各类工程的发展都离不开数据传输技术，这种技术在架空线路中的应用日益广泛，为项目提供了各种各样、高效、稳定的数据传输保障。

掌握数据传输技术更加深层的逻辑，并且对之加以改良创新，这是未来几十年需要攻克的事情。

当前阶段，新型数据传输模型层出不穷，很多技术相互融合，却又不是单纯的叠加。

大数据与数据传输紧密相关，随着大数据时代的到来，数据传输的速度、效率和安全成为企业竞争的关键因素。在这个背景下，大数据传输领域不断迎来新的挑战，同时也涌现出了一系列创新的解决方案。

①实时性要求越来越高。随着业务的快速发展，企业对大数据传输的实时性要求日益增强，为满足实时决策和业务需求，企业迫切需要实现数据的快速传输和高效处理，优化网络带宽、采用高效的数据传输协议等技术手段有助于提升数据传输的实时性。

②数据安全性要求更加严格。随着数据泄露和黑客攻击事件的增加，企业对数据传输的安全性提出了更为严格的要求，为确保数据传输过程中的机密性和完整性，企业必须采取切实有效的安全措施，在这方面，采用加密算法、建立安全传输通道等技术手段可以增强数据传输的安全性，实现透明传输。

③数据传输规模不断壮大。随着企业数据量的持续增长，数据传输规模也愈发庞大，为应对这一类型的挑战，企业需要采用高效的数据传输技术，以满足大规模数据传输的需求，由此衍生出了新的技术，比如分布式传输、并行传输等技术手段可以提高数据传输的效率。

第五章　架空线路自动化应用中的关键技术与挑战

（3）数据处理是指对数据（包括数值和非数值的）进行分析和加工的技术过程，包括对各种原始数据的分析、整理、计算、编辑等加工和处理。数据处理的基本目的是从大量的、可能是杂乱无章的、难以理解的数据中抽取并推导出对于某些特定的人们来说是有价值、有意义的数据。

数据处理技术在架空线路中的应用，有助于提高电力系统的安全性和稳定性，降低故障发生的风险，提升运维效率，保障供电可靠性。在未来，随着数据处理技术的不断发展和应用，架空线路的运行将更加智能化、高效化。

大数据处理技术支持并行计算，将任务分配给多个处理器或计算机同时进行，缩短了处理过程的时间，有效提高计算效率，并行计算可以分为多核并行计算系统、对称多处理系统、大规模并行处理系统、集群和网格等多种类型，以满足不同应用场景的需求；抓住市场需求，大数据处理技术允许用户根据业务需求灵活地横向扩容集群规模，以提升计算能力和处理速度。这使得企业在面临不断增长的业务压力时，能够迅速调整资源配置，满足大众的渴求。

大数据处理技术能够对接多种数据源，对数据进行整合和分析，为各应用提供数据服务，有助于企业更好地利用数据资源，支持决策和创新；技术的发展是在渐渐脱离束缚的，逐渐摒弃封闭性，转向开放式架构，这意味着数据可以更加便捷地从外部引入，并实现内外部数据的互联互通，提高数据使用效率。

大数据处理技术支持弹性部署，可根据任务需求和计算资源状况进行灵活调整，使得企业的运维成本下降，资源利用率得以提高；大数据处理技术采用分布式存储和计算架构，能够充分利用硬件资源，提高系统稳定性和容错能力。

（4）数据分析是通过运用统计学、数学、计算机科学等方法，对收集到的数据进行探索、理解、解释以及展示的过程。数据分析的目标是发现数据中的规律、趋势和关联，从而为决策提供依据。

数据分析技术在架空线路中的应用有助于提高电力系统的稳定性、安全性和供电可靠性，降低运行成本，实现电力行业的可持续发展。

数据分析技术具有诸多优点，已成为当今社会各行各业发展的关键驱动力：提高决策效率，数据分析技术通过对海量数据的挖掘和分析，帮助企业和组织更好地了解市场趋势、客户需求和业务发展状况，从而为决策者提供有力支持，提高决策效率；挖掘潜在价值，数据分析技术可以发现数据中的规律和关联，挖掘潜在价值，为企业创造更多的商业机会和创新点；优化业务流程，通过数据分析，企业可以找出业务流程中的瓶颈和问题，进行优化和改进，提高整体业务效率；个性化服务，数据分析技术可以帮助企业深入了解客户需求和行为，为客户提供个性化的产品和服务，提高客户满意度和忠诚度；预测未来趋势，数据分析技术可以基于历史数据和现有数据，运用机器学习和统计模型预测未来发展趋势，为企业制定战略规划提供依据；自动化和智能化，数据分析技术可以实现自动化和智能化，减少人工干预，降低成本，提高工作效率；跨学科应用，数据分析技术可以应用于各个领域，如金融、医疗、教育、营销等，助力各行业实现数据驱动的决策；开放性和可扩展性，数据分析技术不断发展和创新，各种开源工具和平台如Spark、Hadoop等，使得数据分析变得更加开放和易于扩展，为企业提供更多选择；数据安全和隐私保护，数据分析技术可以帮助企业更好地管理和保护数据资产，确保数据安全和隐私，遵守相关法规；培养人才，数据分析技术的普及和应用，有助于培养具备数据分析能力的人才，提高整体人才素质，推动社会经济发展。

尽管数据分析技术在诸多方面具有显著的优势，但它也存在一些缺陷，如下所述。

① 数据质量问题：数据分析依赖于数据的质量和完整性，如果数据存在缺失值、错误、不一致等问题，那么数据分析的结果很可能受到影响，导

第五章　架空线路自动化应用中的关键技术与挑战

致分析和决策失误。

②数据隐私和安全性：数据分析过程中，如何确保数据隐私和安全性是一个重要问题，不当的数据处理和存储可能导致数据泄露，给个人和企业带来巨大损失。

③数据孤岛：企业内部可能存在多个数据孤岛，各部门之间的数据难以共享和整合，这会影响数据分析的效果，降低数据价值。

④技术门槛：数据分析技术具有一定的技术门槛，学习成本较高，并不是每个专业都拥有人才，人才的检测与评估有着一套标准，缺乏专业技能的人才，可能导致数据分析项目的实施困难。

⑤机器学习和人工智能的局限性：虽然机器学习和人工智能技术在数据分析中发挥着重要作用，但它们仍然受到算法和数据的局限，在一定程度上，数据分析结果的准确性和可靠性受到质疑。

⑥过度依赖数据分析：过度依赖数据分析可能导致决策者忽视其他重要的决策因素，如市场变化、政策调整等，稍不留神，决策都有可能失误，影响企业的发展。

⑦结果可视化不足：数据分析过程中，结果的可视化对于决策者理解分析结果至关重要，然而，可视化技术的不足可能导致数据分析报告的解读困难，影响决策效果。

⑧数据分析周期的限制：数据分析需要一定的时间周期，而市场和业务环境的变化往往迅速，数据分析结果可能无法及时反映实际情况，影响决策效果。

在一些复杂的数据分析模型中，例如深度学习，决策过程并不透明，俗称"黑箱"，这可能导致分析结果难以解释，影响其在实际应用中的可靠性。

⑨抗干扰能力不足：数据分析技术容易受到外部因素的干扰，如网络攻击、设备故障等，这些干扰可能导致数据分析过程的中断或数据丢失，影

响分析结果的准确性。

数据处理与分析的主要目的是为了从海量数据中挖掘有价值的信息，以帮助人们更好地理解数据，从而为决策提供支持，同样，二者的关系依旧是相辅相成，看似存在着差异，可实质上却又近乎和谐一片。

二者的目的具体表现为：通过数据处理与分析，可以使数据更加结构化、规范化，便于人们阅读和理解；可以帮助人们发现数据之间的关联性、规律性和趋势，从而加深对数据的理解；通过数据处理与分析，可以挖掘出有价值的信息，为商业、科研、政策等领域的决策提供依据；帮助人们建立模型，对未来的趋势进行预测，从而为决策提供参考。

五、安全与可靠性技术

安全与可靠性技术的研发，是强大的售后保障，这类技术有助于确保电力传输的稳定性与安全性，降低事故发生的风险，提高供电可靠性。

（一）防雷与接地技术

防雷与接地技术应用于电子信息工程、通信工程以及建筑电气工程等领域，这些技术主要用于保护建筑物、设备以及人身安全，防止雷电对建筑物、电子设备和人身造成损害。防雷与接地技术涉及的范围包括防直击雷、感应雷以及电磁脉冲等方面。在中国，相关技术规范包括《基站防雷与接地技术规范》等，每一项技术都应该拥有切实的保障制度，国家定制这些规范，旨在指导防雷与接地设计与施工，确保建筑物、设备及人身安全。

架空线路在遭受雷击时，可靠的安全与可靠性技术可以降低雷电对线路设备的影响，通过采用防雷装置，如避雷针、避雷线和接地设备，可以引导雷电电流迅速流入地面，降低线路设备的电压，保护线路及设备免受损坏。

在极端的恶劣天气之下，架空输电线路是很脆弱的，在诸如雷电天气这种危害性大的天气时，易受到击穿、断线等损害，影响电力系统的稳定运行，为提高架空输电线路的防雷性能，研究人员提出了多种防雷技术，为的是采

第五章　架空线路自动化应用中的关键技术与挑战

用最有作用的计划。

（1）架设避雷线：在输电线路周围架设避雷线，引导雷电流流入地面，降低雷电对输电线路的影响。

（2）接地技术：目的是提高接地电阻的稳定性，降低雷电冲击时的电压升高，从而减小输电线路的损害。

（3）线路避雷器：在输电线路的关键部位安装避雷器，当遇雷电冲击时，避雷器能有效分流雷电流，保护输电线路免受损坏。

不只是架空线路运用到了防雷技术，平时所见到的高楼建筑，都配备了防雷技术，随着现代科技的发展，建筑物内越来越多的设备和服务依赖于电子技术，如通信设备、计算机网络、自动化控制系统等，这些设备对电磁干扰非常敏感，一旦受到雷击，可能导致设备损坏、数据丢失、服务中断等问题，因此采用该门技术具有重要意义。建筑防雷技术主要包括外部防雷和内部防雷两方面。

外部防雷：主要包括接闪器（如避雷针、避雷带等）的设置，以及引下线和接地装置的施工。接闪器用于引导雷电流进入地面，降低建筑物表面的电场强度；引下线和接地装置则负责将雷电流顺利导入地面，降低建筑物内设施的电压。

内部防雷：主要包括等电位连接、电涌保护器（SPD）的安装等。等电位连接是将建筑物内各类金属设施（如钢筋、金属管道等）通过焊接或螺栓连接的方式相互连接，以确保雷电冲击时各设施间的电位差不大；电涌保护器则能有效抑制电涌电压，保护建筑物内设备免受损坏。

接地技术是保障电气设备安全运行的关键环节，合理的接地技术能够带来裨益。接地技术主要包括以下几点。

（1）接地装置的选择：根据土壤电阻率、地下水位等因素选择合适的接地装置，如垂直接地体、接地模块等。

（2）接地电阻的计算与测量：计算接地电阻，确保其在规定范围内，接地电阻测量是判断接地系统性能的重要手段。

（3）接地线的布置与连接：合理布置接地线，确保接地线截面满足电流承载能力要求，同时注意接地线与接地装置、设备接地点的连接质量。

（4）接地系统的维护与管理：定期检查接地系统，发现问题及时整改，确保接地系统的稳定运行。

预见防雷与接地技术的未来，将通过运用大数据、物联网、人工智能等技术，实现对雷电的精确预警、实时监测和快速响应，提高防雷与接地工程的智能化水平；采用新型高效能材料，例如石墨烯、导电聚合物等，以提高接地系统的导电性能和抗干扰能力，降低接地电阻，从而提高防雷效果；整体将朝着更加系统化、模块化的方向发展，通过优化设计和技术集成，实现各系统间的无缝对接，提高整体防护性能；减少对环境的损害，采用绿色、环保的接地材料；离不开科研创新能力的提升，我国将加大对防雷与接地领域基础研究和应用研究的投入，培养一批高水平的科研人才，推动防雷与接地技术的发展。

（二）设备状态检测技术

设备状态检测技术是一种对电力设备运行状态进行实时监测、诊断和预测的技术，旨在确保设备安全、可靠、高效运行，它可以帮助企业提高电力设备的运行效率，减少故障率，降低维护成本，并确保电力系统的稳定供电。

当前，设备状态检测技术在我国已得到广泛应用，并取得了显著成效，电力设备状态检测技术高峰论坛的召开，旨在探讨行业发展趋势、技术创新和实践应用，进一步提高我国电力设备状态检测技术水平。

在数字化、智能化背景下，电网运维检修发展迅速，基于电力物联网的电力设备智能化技术逐渐成熟，智能传感关键技术及应用、数字孪生技术在输变电设备智能运维中的应用、新型电力系统背景下的电网设备运维检修

第五章　架空线路自动化应用中的关键技术与挑战

数智化技术等议题，均体现了当前电力设备状态检测与故障诊断技术的发展方向。

此外，状态检测、在线监测、带电检测技术在变压器、GIS、开关柜、电缆、架空线路等方面有着广泛应用，新技术如交直流设备局部放电、介损、分解产物等测试，变压器重症监护技术，变压器油中气体及有机物监测技术，液相色谱和气相色谱等先进化学分析，为电力设备状态检测提供了有力支撑。

电力设备状态检测技术的发展不仅提高了设备运行可靠性，还为我国电力事业发展创造了良好条件，随着科研创新能力的提升、标准化与规范化建设的加强，以及绿色环保理念的贯彻，电力设备状态检测技术将更好地服务于电力行业，为我国能源安全保驾护航。

随着我国经济的快速发展，电力系统的规模和复杂度不断增加，设备状态监测技术在架空线路中的应用显得尤为重要，它能够有效提高供电可靠性、降低运维成本，并确保电网运行的安全稳定，广泛运用。

（1）导线温度监测：架空线路在长时间运行过程中，导线会因为电流载荷、环境温度等因素而导致温度上升，导线温度监测技术可以实时检测导线的温度，以便及时发现导线过热的现象，防止事故的发生。

（2）线夹超声波监测：线夹是架空线路中连接导线和绝缘子的重要部件，其状态对线路运行安全至关重要，超声波监测技术可以实时监测线夹的状况，发现松动、磨损等潜在问题，并及时进行维护。

（3）绝缘子污秽度监测：绝缘子是架空线路中的关键设备，其污秽度直接影响绝缘性能，绝缘子污秽度监测技术可以实时监测绝缘子的污秽程度，为清洗保养提供依据。

（4）塔架结构监测：架空线路塔架作为支撑系统，其结构安全至关重要，塔架结构监测技术可以实时监测塔架的位移、倾斜等参数，发现潜在的安全隐患，并及时采取措施。

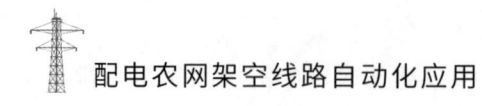

（5）风速监测：架空线路受风力影响较大，风速监测技术可以实时检测风速，为输电线路的设计、运行和维护提供依据。

RPA机器人的出现，促进了RPA技术诞生，RPA技术可以应用于电力设备的状态巡检任务中。这些操作可以是数据录入、报表生成、订单处理等重复性、规律性的任务。RPA技术的主要优势在于它可以实现24h不间断工作，提高工作效率，降低人力成本。此外，RPA还可以适应各种行业和业务场景，帮助企业实现数字化转型。目前，许多知名企业已经开始采用RPA技术来优化其业务流程。例如，亚马逊、IBM、微软等公司都在积极研究和开发RPA相关技术。在我国，也有很多企业和研究机构在关注并投入研发RPA技术。机器人可以按规则自动识别设备的状态和异常，记录巡检数据，并实时反馈给运维人员进行分析和决策，提高设备状态巡检效率和准确性。

然而，在现有的设备状态检测技术应用中，仍存在一些挑战。例如，如何提高检测设备的稳定性和准确性，实现数据的高效分析与处理，以及提高运维人员的安全防护能力等，期待着在未来，电力设备状态检测技术将继续不断创新，以应对这些挑战，为电力设备的安全运行提供更为强大的技术支持。

第二节　架空线路自动化应用技术解析

一、通信技术的可靠性与稳定性

信息无处不在，为了能够在信息泄露日益严重的今天保证我们的信息安全，通信技术的可靠性，它为我们的个人信息提供了坚实保障。同样地，它也可以稳定好信息线路，确保秘密数据得以安全地传送。稳定的通信系统可以确保我们的数据在传输过程中不被非法截获和篡改，有效防止信息遭到窃取事件的发生。

我国的国家安全和战略布局不容忽视，稳定的通信系统可以保证在紧急

第五章 架空线路自动化应用中的关键技术与挑战

情况下,政府、军队等关键部门能够迅速调度资源,有效应对各种突发事件,通信技术的可靠性对经济发展具有深远影响,可靠的通信网络为各行各业提供了便捷的信息传输通道,降低了企业运营成本,提高了市场竞争力。特别是在电子商务、金融科技等领域,通信技术的可靠性成了行业发展的重要基石。

通信技术的可靠性和稳定性是衡量数据传输质量的重要指标,对于保证信息准确无误地传输具有重要意义,通过不断优化技术、改进网络设计和提高系统管理水平,可以提高通信系统的可靠性和稳定性。在我国,5G等新一代通信技术在提高可靠性和稳定性方面取得了显著成果,为各种应用场景提供了更高质量的通信服务。

在架空线路自动化应用中,要说通信技术是根基命脉倒也谈不上,可是一旦通信技术被破坏,整个网点都会面临脱节的巨大风险,不仅阻隔了与外界的交流,还阻隔了系统的进步与升级,"信息闭塞"可不只是嘴上说说。在这个日新月异的社会里,信息的时效性是非常重要的,更新迭代着一波波的浪潮大势席卷着四方,滞后的不再是一段小小的距离。

二、控制技术的精确性与实时性

在当前科技快速发展的时代,控制技术的精确性是一个重要的话题,精确性是控制技术的核心指标之一,它直接影响到系统的稳定性、效率和安全性,在这个问题上,我国有着丰富的经验和深厚的技术积累,因此我们有必要了解提高控制技术精确性的方法,包括算法优化、智能化技术、控制理论研究、系统集成与仿真等。

眼下日益壮大的科技,动态系统演变得更加复杂,对系统的安全性要求也越来越高。然而,实际应用中的动态系统受到多种因素影响,数据流底层过程存在固有的非平稳现象,这使得实时安全性评估面临着挑战,数据流本身的不平衡特性也会在评估过程中引入显著偏差。

配电农网架空线路自动化应用

为了解决这些问题，清华大学安全控制技术研究团队提出了一种基于在线主动宽度学习的非平稳环境中动态系统实时安全性评估方法[1]。这种方法在有限的标注预算下，设计合理的动态非对称质询策略，主动标注相对有价值的样本，在增量更新过程中，控制学习器的进化方向，使其能够更好地适应复杂和非平稳的环境。

该研究团队利用"蛟龙"号深海载人潜水器的真实数据进行了多项相关实验，展示了增量宽度学习系统在在线主动学习框架下的有效性。实验结果表明，所提出的动态非对称质询策略在大多数情况下优于现有先进方法。通过基于在线主动宽度学习的方法，可以更好地适应非平稳环境，提高评估准确性。这项技术创新对于发现和识别系统中的安全隐患、提供预警、预防安全事故、提高系统的可靠性和安全性等多个方面具有重要意义，为了实现这一目标，科研人员将继续深入研究控制技术在实时性、精确性方面的优势，为动态系统安全性评估领域提供新的研究思路。

精确性是控制技术在架空线路中的核心要素。架空线路中所使用的控制技术需要对线路的运行状态进行实时监测和分析，以便及时发现潜在的问题并采取相应的措施，在风力发电系统中，精确的控制技术可以有效地防止风电机组发生过载，确保系统的稳定运行。此外，在输电线路中，精确的控制技术可以优化电力传输过程，减少能量损耗，提高电力系统的经济性。

实时性是控制技术在架空线路中的关键特性。架空线路的运行环境复杂多变，如温度、湿度、雷电等，这些因素会对线路的稳定性产生影响。实时性控制技术可以快速地对这些变化进行响应，并及时调整线路的运行参数，以保持系统的稳定。例如，在处理短路故障时，实时性控制技术可以迅速地切断故障区域，防止事故扩大。

---

[1] 赵福均，周志杰，胡昌华，等.基于证据推理的动态系统安全性在线评估方法[J].自动化学报，2017，43（11）：1950−1961.

第五章　架空线路自动化应用中的关键技术与挑战

第三节　架空线路自动化应用中的关键技术案例分享

配电自动化是指利用现代科技手段，对配电网进行实时监测、分析、控制和优化管理，以提高供电可靠性、经济性和运行效率。近年来，国内外配电自动化取得了显著的进展，尤其在一些工业发达国家。

在国外，配电自动化系统受到了广泛的重视。国外的配电自动化系统已经形成了集变电所自动化、馈线分段开关测控、电容器组调节控制、用户负荷控制和远程抄表等系统于一体的配电网管理系统。

国外著名电力系统设备的制造厂家基本都涉及配电自动化领域，如德国西门子公司、法国施耐德公司、美国 Cooper 公司、摩托罗拉公司、英国 ABB 公司、日本东芝公司等，均推出了各具特色的配电网自动化产品。

一、国内配电农网自动化案例

配电网是深入千家万户的电力"毛细血管"，直接关系着广大电力客户的用电体验，要是输送管道出现了问题，那不管多大的运输量都无济于事。"建设新型城镇化全域数字电网，一方面是建设安全可靠的配电网，助力百千万工程和乡村振兴。另一方面是实现智能化透明化，提升配电网运行感知能力。"广东电网公司汕头濠江供电局党总支书记郝会锋告诉记者。

为了打造宜居宜业和美乡村，让濠江在新型城镇化之路上奋勇争先，濠江供电局推行了"三线整治"，即将老旧电线杆拆除，配网线路上墙，同时与电信、电话线等弱电线路隔离。作为广东新型城镇化配电网示范区三个试点之一，濠江还有个地理特征，那就是当地楼盘广告词上经常说的"山海相拥"。但与海相邻未必全是好事，尤其是台风天水浸街，给配网巡检带来困难，甚至带来涉电公共安全。这时候便需要工程师利用现有技术，结合当前电网形势，采用有效果的方案。事实上，工程师已经提供出了解决方案：将箱式变压器与低压回路测控终端的电气传感器、变压器测温采集传感器以及水浸等环境传感器整合在一起，多方合力，相辅相成，以数字配电为主，通过几年的打造，汕头濠江区打造了"线—变—线—户"全链路可观、可测、可控的数字配电网。

20年间，国家电网以坚强电网执笔，绘就能源清洁供给的美好画卷。浙江电网累计完成固定资产投资5 247亿元，持续增加外来电，助力保供稳价，加快清洁电力增长，推动"双碳"落地，以变电容量年均12.6%的增速支撑全省GDP年均11.5%的增长。国家电网在浙江还全力建设可靠性高、互动友好、经济高效的智慧配电网。杭州、宁波城网供电可靠性达到世界一流水平，浙江农网供电可靠性达到国内城市平均水平，可靠电力"无声"融入浙江百姓生活的点滴之中。20年间，国家电网以优质服务用心，驱动能源高效利用强劲引擎，以电力优质服务推进城乡融合和区域协调发展，创新用能服务模式，优化用电营商环境，为浙江经济社会高质量发展注入不竭动力。

亚运会落地于浙江，在亚运会比赛如火如荼地进行之时，背后也有着一群默默无闻的工程师，为我们做好了后勤。赛时保电状态的20天里，省、市、区县三级指挥人员24h全天候值守，指挥调度、值班值守、应急处置高效顺畅。浙江省国家电网"零碳工程师"团队协助场馆精准降碳。零碳工程师，主要负责通过各种手段降低亚运场馆和亚运村的能耗，从而减少碳排放，为每位运动员、观众提供最佳的参赛、观赛体验。

二、国际配电农网自动化案例

为了满足农村地区的电力需求，提高供电质量和可靠性，各国都在积极推广配电农网自动化技术，扩大电力的受众群体。

国际配电农网自动化地区遍布全球，包括发达国家和发展中国家。这些国家在配电农网自动化方面各有特点，但共同目标都是提高农村电力供应的

第五章　架空线路自动化应用中的关键技术与挑战

可靠性、安全性和经济性。一些发达国家如美国、德国、日本等，在农网自动化技术方面具有较高水平，已实现电网的智能化、数字化管理。发展中国家则在努力提高电网建设水平，加大农网自动化投资力度。

配电农网的建设涉及众多国际组织和企业，为国际合作提供了平台。通过国际合作，各国可以共享优质资源、先进技术和经验，提高配电农网的建设水平。目前，国际配电农网自动化的发展趋势处于上升阶段。特别是随着物联网、大数据、云计算等新技术的不断发展，国际配电农网自动化将朝着更加智能化、智慧化的方向发展。未来的配电农网将具备自适应、自愈和自我调节能力等等。不仅仅是国际组织，越来越多地区接入清洁能源，推动风能、太阳能等可再生能源在农村地区的广泛应用，促进绿色低碳发展。

从北极星输配电网获悉，当地时间2024年2月5日，秘鲁自由竞争防卫委员会（CLC）有条件批准中国南方电网国际(香港)有限公司（CSGI HK）收购意大利国家电力公司（Enel）旗下提供配电业务和高级能源服务的两家秘鲁子公司。Enel在2022年11月提出一项战略计划，同时进行资产处置，拟将重点放在意大利、西班牙、美国、巴西、智利和哥伦比亚这六个核心国家中，目的是提高价值创造。并且，这些资产将通过电网数字化和先进能源服务继续推动秘鲁的可持续发展。

从国际能源网获悉，2024年1月29日，老挝国家输电网公司(EDL-T)运营启动仪式在老挝万象举行。据悉，老挝国家输电网公司由中国南方电网公司与老挝国家电力公司共同出资组建。在老挝政府监管下，该公司将作为老挝国家电网运营商，负责投资、建设、运营老挝230kV及以上电网和与周边国家跨境联网项目，为老挝提供安全、稳定和可持续的输电服务。

全球能源管理与自动化领域的数字化转型专家施耐德电气，在国际知名调研机构Guidehouse Insights发布的首届2023微网方案榜单中位列榜首。这是对施耐德电气独具特色的战略和执行力的高度认可，体现了施耐德电气在微网服务、技术和通过伙伴合作实现项目交付的创新性与领导力。在极端天气对供电稳定性的影响日趋严重、降碳减排势在必行的时代背景下，微网的出现为人们从本地分布式能源（光伏、风电、储能等）中获取清洁、自主的电能提供了更大的可能性。更多企业纷纷开始寻求微网方案商的帮助，以期使企业运营免受断电和电价波动的影响，在推动分布式新能源建设的同时，微网系统建设还可为企业提供先进的技术与管理策略，从而优化能源管理和提升运营效率。

施耐德电气位列榜首，得益于其在定制化的解决方案中不断推陈出新，在面向不同行业不同规模的项目场景中，积累了丰富而有针对性的微网建设经验。此外，这一排名也离不开施耐德电气与合作伙伴的合作共赢，作为融贯"设计→建造→运营→管理→维护"全生命周期的端到端能源及服务提供商，施耐德电气实现了定制化与模块化的解决方案的交付，并凭借其在企业微网和分布式能源项目方面的丰富经验，在持续地实现项目的升级。

第六章
配电农网架空线路自动化的建设

第一节　配电农网架空线路自动化建设的必要性

配电农网的出现标志着我国农村地区电力供应水平的提升，为农村经济发展和农民生活带来了前所未有的变革。

在过去的一段时间里，我国农村地区的电力供应主要依赖于传统的电力线路和设备，这些线路和设备在供电能力、稳定性、安全性等方面存在许多不足。为了改善这一状况，我国政府决定加大对农村电力供应的投入，实施农村电网改造工程，从而确保农村地区电力供应的稳定和安全。

配电农网的出现，解决了许多问题——诸如农村地区电力供应不稳定、电压不达标等问题，新型配电农网采用了先进的电力技术和设备，提高了电力供应的可靠性和安全性，为农村居民提供了稳定、高质量的电力服务，配电农网还采用了智能化管理技术，实现了电力系统的自动化监测和调度，大大提高了电力供应的效率。这不仅改善了农村地区的电力供应状况，还为农村经济发展提供了强有力的支撑。农村居民的生活质量得到了显著提升，农业生产效率也得到了极大提高，配电农网还为农村地区的工业发展、信息化建设奠定了基础，为农村经济的多元化发展创造了条件。

一、农村电网现状分析

电网的引入是一项革命性的技术创新，它为人类社会带来了极大的便利。电网的发明可以追溯到 19 世纪末，那个时候，电力作为一种新型能源开始逐渐走进人们的生活,但还没有得到广泛的应用,人们对于电力的认识和使用还非常有限浅薄。

电网的引入改变了这一现状。通过电网,人们可以便捷地传输和分配电力,使得电力成为生活中不可或缺的一部分,电网的引入带动了电力行业的发展,推动了科技的进步。随着电网技术的不断提升,电网的稳定性、可靠性和安全性也得到了极大的提高。

在中国,电网的发展更是迅速。以南方电网为例,它负责我国南方五省(区)及港澳地区的电力供应,致力于为广大用户提供稳定、高质量的电力服务,南方电网不仅在国内领先,还在国际上发挥了重要作用,承担起电力领域国际合作与交流的任务。

电网的引入对于社会经济的发展具有深远的影响。它为企业提供了持续、稳定的能源供应,降低了生产成本,提高了生产效率,同时电网为居民生活提供了方便,使得电器设备得以广泛应用,改善了人们的生活质量。

农村电网改造行业正在飞速发展,它在国家能源战略中发挥着巨大的作用,我国政府对农村电网改造投入不断加大,推动了农村电网改造行业的发展,下面从多个角度介绍农村电网的现状。

(1)从电网规模的角度,农村电网改造覆盖了全国各地的乡村地区,为亿万农民提供了稳定的电力供应,使他们最基本的需求得以保障。在电网规模不断扩大的同时,农网改造还注重提升电网的质量和性能,以满足农村地区日益增长的电力需求。

在经济较发达地区,农村电网改造发展情况良好,实现了与城市电网的接轨,为农村经济社会发展提供了有力保障。这是因为一方面,政府加大了对农村电网改造的投入,提高了农村电网的建设和升级速度;另一方面,农村电力市场需求的增长也推动了电网规模的扩大。在偏远地区,农村电网改造同样取得了重要进展。尽管这些地区的自然条件恶劣,施工难度大,但我

第六章　配电农网架空线路自动化的建设

国政府和相关企业依然加大投入，通过科学规划和技术创新，克服了种种困难，确保了电网的覆盖范围和服务质量。

（2）从电力供应可靠性的角度，我国农村电网供电可靠性在近年来得到了广泛关注和提升，但是农村的供电相较于城市来说，仍旧存在着一定的差距。

①农村电网基础设施不断完善：在政府和企业的大力支持下，农村电网基础设施得到了持续改善，包括电网线路、变电站等方面的扩建和升级。

②电力供应水平逐步提高：通过农村电网改造，农村地区的电力供应水平得到了显著提高，供电企业加大管理和技术创新研究力度，优化电网运行管理，降低了停电现象的发生频率和时长。

③可靠性指标差距仍然存在：尽管农村电网供电可靠性得到了提升，但与城市电网相比，仍存在一定的差距，这主要表现在乡村地域供需不平衡、供电质量急需改善等方面。

④气象灾害等外部因素影响较大：农村地区受气象灾害等外部因素影响较大，如洪涝、风灾等，容易导致电网设备损坏和停电现象，这些因素对农村电网供电可靠性造成了不小的压力。

⑤供电可靠性管理不断创新：为促进农村电网供电可靠性的提升，供电企业积极引入先进的可靠性管理理念和技术手段，如电能质量在线监测系统等，这些措施的提出，有助于进一步提高农村电网供电的可靠性。

（3）从经济效益与成本的角度，在农村电网现状分析中，经济效益和成本是两个关键因素。

经济效益主要表现为以下几点。

①提高农村地区生产力：农村电网的改善和升级为农民提供了可靠的电力供应，使得农业生产得以现代化，提高了农业生产力，可靠的电力供应有利于农业基础设施建设和机械化作业，从而提高了农业产值。

②促进农村经济发展：农村电网的优化为农村地区带来了更多的投资和发展机会，企业和个人投资者在确保电力供应稳定的地区更愿意投资，这推动了农村地区的经济增长。

③改善农村居民生活水平：农村电网改造提升了农村居民的生活质量，为他们提供了稳定的生活用电，包含照明、家用电器、通信设备等方面的需求，使得农村居民能够享受到与城市居民相近的生活水平。

④降低农村地区能源成本：农村电网改造后，电力供应更加稳定，降低了农村地区的能源成本，稳定的电力供应有助于减少农业生产、企业和居民因电力故障而导致的损失。

成本方面主要表现为以下几点：

a.投资成本：农村电网改造需要投入大量的资金，包括电网线路、变电站等基础设施的建设和升级，政府和企业需要承担这些投资成本，以确保农村电网的稳定运行。

b.运营成本：农村电网运营过程中，需要支付一定的运营费用，如电力设备维护、检修、员工工资等，成本会影响农村电网的经济效益。

c.维护成本：农村电网改造后，需要对电网设备和线路进行维护，其中所产生的成本也能够促进效益增收，合理的维护措施可以确保农村电网的安全稳定运行，降低故障风险。

d.电价成本：农村电网改造后，电价水平也会相应调整，在确保电力供应稳定的前提下，政府和企业需要合理制定电价，以确保农村电网的经济效益。

（4）从农村电网体制改革的角度，为适应农村电网发展需要，我国积极推进农村电力体制改革。新一轮农村电力体制改革重点推进农村电网市场化、多元化、智能化发展，鼓励民间资本参与农村电网投资建设，逐步为实现农村电网城乡一体化发展注入不竭的动力。

第六章　配电农网架空线路自动化的建设

在不间断的探索与发现之中,不可避免地会遇到各种难题:

譬如农村供电线路绝大部分为户外架空方式,配电变压器、断路器等设施多以杆上露天安装为主,配电自动化设施必须适应户外安装条件,需承受较大幅度的温湿度变化,配电自动化设施必须直接于线路取电,受供电距离与负荷影响,电压波动较大,加之户外线路易受雷电影响,遭受雷击概率较大;村供电用户点多面广,负荷分散,季节性变化较大,加之线路多数处于交通偏僻地段,也对配电自动化设施的测量精度、运输安装及维护提出了更高的要求。

二、架空线路自动化的优势

由于电线架设在空中,避免了与其他设施的相互影响,如建筑物、树木等,有效地降低了线路故障的风险,提高了供电的稳定性,此外,架空线路的高空布线方式也有助于减少地面环境对电力传输的干扰,如湿度、盐分等因素,进一步提高了供电可靠性。

架空线路的传输容量大。架空线路采用高压输电,能够满足不断增长的用电需求,随着我国社会经济的快速发展,电力负荷不断上升,架空线路的高压传输能力为供电可靠性提供了保障,通过高压输电,电能在传输过程中的损耗也相对较低,利用率得以提高。

覆盖面积广泛,能够满足城乡及各地区的用电需求,其灵活的布线方式使得电力供应能够延伸到每一个角落,提高了供电的覆盖率,特别是在偏远地区,架空线路的优越性更为明显。

后期的维护变得更为便捷。架空线路采用标准化设计,设备易于更换和维护,运行人员可以快速定位故障点,进行检修,架空线路的维护技术要求相对较低,有利于提高维护水平。

在当今这个充满挑战和变革的时代,我们需要采取有效措施来预防和快速恢复故障,以确保多领域的稳定发展和正常运行。架空线路自动化在预防

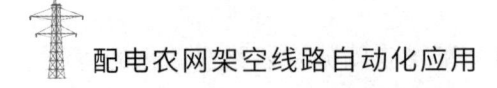

与快速恢复故障这方面，呈现了可观的趋势。

（1）防雷电：雷电是导致架空线路故障的主要原因之一，同时也与人们的生命安全息息相关，为防止雷电击中线路，有关部门采用了防绕击避雷针、完善的避雷网以及高性能的绝缘材料等措施。

（2）杆塔倒塌预防：在进行架空线路设计时，需充分考虑地质、气象等不利因素，尤其是在特殊地势的地区，诸如易发生自然灾害等天灾的地区，工程师加强了杆塔的稳定性，同时定期检查杆塔基础和周围环境，及时处理潜在的隐患。

（3）线路污闪预防：输电线路在运行过程中，因外部环境因素或线路设备本身的问题，导致线路闪络现象频繁发生。这种现象会对电力系统的安全稳定运行造成严重影响，甚至可能导致事故的发生。基于此，线路的清洁工作做得到位及时是安保人员的职责，这样可以减少绝缘子表面积污，从而降低污闪事故的风险。

在输电线路设计阶段，应充分考虑线路所经地区的气象、地理等环境因素，选用适合的线路设备，在建设过程中，严格遵循相关标准和规范，确保线路设备的质量，加强科研创新，研制和推广新型防污技术，通过在输电线路表面涂覆新型防污材料，提高线路的抗污闪性能，降低线路污闪的发生概率。我国电力部门还制定了严格的应急预案，针对线路污闪事故进行快速应对。一旦发生线路污闪，能够迅速启动应急预案，确保电力系统的安全稳定运行。

针对不同类型的故障，制定了具体的应急预案，确保在故障发生时快速启动应急措施；采用了先进的检测设备和技术，快速定位故障点，减小故障范围；合理分布抢修队伍和设备，确保在故障发生时迅速抵达现场进行抢修；定期对运维人员进行技能培训，提高故障排除和抢修能力；确保各部门之间信息畅通，不搞"信息差"，提高了故障处理的协同效率。

第六章　配电农网架空线路自动化的建设

三、随着远程运行监控与管理

随着信息化时代的到来，各种设备、系统和服务器的运行效率和安全性变得越来越重要，而传统的现场监控方式无法满足远程、实时监控的需求。因此，远程运行监控与管理应运而生，成为现代企业和个人维护设备、保障数据安全的重要手段。这种技术通常被安装在设备或系统上，收集设备的运行状态、性能数据等信息，并将这些数据传输到远程监控中心进行分析和管理。这种监控方式可以提高设备的安全性、运行效率和管理效率，降低维护成本。

通过在电网设备上嵌入物联网卡，电网企业可以实时获取设备的运行数据，如电流、电压、温度等，这些数据可以帮助企业及时发现设备的异常情况，预测潜在的安全隐患，从而及时采取措施避免事故的发生。

远程运行监控与管理实现了对电网设备的远程控制。借助物联网卡，电网企业可以远程操控设备的开关、调节设备的工作模式，甚至进行固件升级等操作，大大地提高了电网设备的运行效率和管理的便捷性，同时降低了人力资源成本。

除了上述两个原因外，远程运行监控与管理还具有高度的安全性。物联网卡与云平台之间的加密连接确保了数据传输的安全性，防止数据泄露和恶意攻击，物联网卡支持远程认证和权限管理，只有经过授权的用户才能访问相关数据和进行操作。

远程运行监控与管理的发展进一步推动了规划与运营的重要性。在远程运行监控与管理的过程中，企业和个人可以实时了解设备、系统和服务器的运行状态，及时发现并解决问题。企业在运营过程中，要有全面的规划，确保各个环节的高效协同，远程运行监控与管理也为规划与运营提供了新的手段和工具，如数据分析、人工智能等，使得规划与运营更加精准、高效。

远程运行监控与管理通过实时获取电网设备运行数据，分析电网运行状态，预测电网负荷变化，有助于电网企业制定合理的规划与运营策略，提高电网的安全性、可靠性和经济性。

首先，远程运行监控与管理有助于提高电网规划的准确性，通过实时监测电网设备运行数据，电网企业可以掌握电网运行的真实情况和负荷特性，为电网规划提供有力支持，并且基于大数据分析和人工智能算法，电网企业可以对电网负荷进行精准预测，从而优化电网规划，降低投资成本。

其次，远程运行监控与管理有助于提高电网运营的效率，电网企业可以快速响应电网负荷变化，实现电力资源的优化配置，远程运行监控与管理还可以帮助电网企业发现设备的潜在隐患，及时进行维护和检修，降低设备故障率，提高电网运行可靠性。

再次，远程运行监控与管理有助于提高电网的安全性，实时监测电网设备的运行状态，电网企业可以及时发现异常情况，采取措施避免事故发生，远程运行监控与管理可以实现对电网设备的远程控制，提高电网在突发事件下的应急响应能力。

最后，远程运行监控与管理有助于降低运营成本，电网企业可以减少现场巡检和故障处理的次数，降低人力资源成本，远程运行监控与管理还可以帮助电网企业优化运行策略，提高电力系统的运行效率，从而降低发电和输电成本。

第二节　架空线路自动化系统的规划与设计

一、线路选址与布局分析

在对线路进行设计之前，需要优先考虑选址要求。

（1）经济性：在选址过程中，要充分考虑成本因素，确保选址地点具

第六章　配电农网架空线路自动化的建设

有较高的经济性，降低建设、运营和维护成本，以提高整体效益。

（2）交通便利性：选址时要考虑交通便利性，以便于人员和物资的快速调配，重点关注周边交通设施的发展潜力，为未来的扩容和升级留有余地。

（3）资源保障：选址地点应具备充足的资源保障，如水源、电力、通信等，以满足远程运行监控与管理的需求。

（4）环境友好：选址时要充分考虑环境保护，遵循生态文明建设的要求，确保选址地点对周边环境的影响降至最低。

（5）政策支持：选址地点应具备良好的政策环境，包括相关政策法规的支持以及政府对企业发展的扶持力度。

选完合适地点之后，可以按照当地的现有条件，规划整体，放眼大局。在进行线路布局分析时，要立足于全局，充分考虑远程运行监控与管理系统各组成部分的相互关系，确保整体布局的合理性。

（1）布局设计应采用模块化理念，便于各模块之间的独立运行和协同合作，将产品或系统分解为独立的、可重复使用的模块，这些模块可以按照不同的方式组合和连接，以实现各种功能，有利于提高系统的可扩展性和维护性。

（2）布局分析要重视安全性，确保线路、设备和数据的稳定可靠，不仅仅包括防火、防盗、防电磁干扰等方面的考量，还需要注意非法势力的蓄意破坏。

（3）每个布局都要具备一定的灵活性，以便于适应市场和企业需求的变化，可以通过采用可重构、可升级的硬件和软件来实现。灵活性还是模块化设计的核心优势之一，它使得系统在面临不断变化的市场和技术环境时，仍能保持强大的竞争力和发展潜力，在我国各行各业的发展中，模块化设计理念的应用无疑将为提高效率、降低成本、创新研发等方面带来巨大的价值。

（4）在布局设计中，要充分考虑空间利用，尽量减少闲置区域，提高布局的紧凑性，有助于优化空间结构，实现建筑物内部功能区域的合理划分和协调，提高空间使用效益。在实际设计过程中，设计师需充分考虑土地利用、空间结构、功能融合与区分、设计灵活性、可持续发展以及空间美学等因素，以实现节约空间的目标。这有助于提高建筑物的使用效益，满足人们不断增长的生活和工作需求。

合理地选择和规划线路选址与布局可以有效降低线损，提高农村电网的运行效率和供电质量。

二、网络拓扑规划

网络拓扑规划是企业在构建网络系统时，对网络结构、设备配置和连线布局进行的设计，合理的网络拓扑结构可以确保网络运行的高效、稳定和安全。网络拓扑规划中常见的有两种网络拓扑结构：单核心和双核心。

单核心网络拓扑结构是指在整个网络环境中，只有一台核心交换机，这种拓扑结构适用于网络规模较小、对网络依赖程度不高的企业。由于核心设备价格较高，如CISCO设备，大部分企业选择使用单核心网络拓扑设计，然而，这种设计存在一个致命缺点，即容易造成单点故障。这种设计使用了没多久，工程师们意识到了这个问题，之后，双核心拓扑结构应运而生。

双核心拓扑结构是指在整个网络环境中，有两台核心交换机，它的特点是稳定性好、传输性高、传输速率高。双核心交换机作为整个网络的中心节点，对设备要求非常高，即同时配备两台核心交换机作为整个网络的核心交换节点，才能够有效地避免单点故障对整个网络的影响，从而提高网络的安全性和稳定性。然而，由于核心交换机成本较高，双核心拓扑结构一般仅在电信、金融等企业中采用。

在网络拓扑规划中，有三点需要关注。

第一，服务器与交换机的连接。如果在网络环境中存在服务器，则服务器应与汇聚层交换机相连，有时也可以与核心层交换机相连。

第六章　配电农网架空线路自动化的建设

第二，路由策略配置。由于核心层负责数据的高速交换，一些路由策略应在汇聚层进行配置。

第三，考虑未来拓展。在网络拓扑规划中，要考虑企业的未来发展，预留一定的扩展空间，以便在未来根据实际需求进行调整。

网络拓扑规划是企业网络建设的重要环节，是指对网络的物理和逻辑结构进行规划和设计的过程。它涉及网络设备的选择、布置、连接以及网络协议的选择和配置等方面。网络拓扑计划的目的是实现网络的高效、可靠、安全和可扩展地运行。在进行网络拓扑规划时，要根据企业的实际需求和未来发展，选择合适的核心拓扑结构，并关注服务器与交换机的连接、路由策略配置以及未来拓展等方面，以实现高效、稳定和安全的网络环境。

从传统的总线架构到新一代工业计算机架构，如ATCA（高级电信计算架构），网络拓扑结构不断演进，以满足人们对高速数据交换、系统冗余备份、稳定性和智能管理等日益增长的需求。未来的发展趋势包括：分布式能源资源如太阳能、储能技术应用、电动汽车充电设施。随着电动汽车在农村地区的普及，网络拓扑规划需要考虑电动汽车充电设施的布局。在未来，充电设施将更加便捷、高效，满足农村地区电动汽车用户的充电需求。

三、控制与保护策略设计

控制与保护策略设计是发电系统安全稳定运行的关键。随着技术的发展，控制与保护策略将不断优化和完善，为实现电力的高效利用和可持续发展奠定基础。在未来的研究过程中，需要进一步探讨控制与保护策略在各种工况下的适用性，以提高发电系统的运行性能和可靠性。随着电力系统的复杂化和电力负荷的不断增长，保障电力系统的安全稳定运行成了引人注意的问题，而控制与保护策略设计正是解决这一问题的有效手段。

（1）提高系统安全性：合理的控制与保护策略能够有效地防止设备遭受短路、过载、欠电压等电力事故，保障电气设备的安全运行。

(2）延长设备寿命：通过控制与保护策略对设备进行实时监测和调整，可以减少故障发生的概率，延长设备的使用寿命。

(3）提高系统稳定性：控制与保护策略能够对电力系统进行快速响应和调整，确保系统的稳定运行，提高供电可靠性。数据是核心，保障数据安全对于企业竞争力和持续发展至关重要，系统安全性能够有效防范黑客、内部员工等潜在威胁，降低数据泄漏风险。许多行业对于系统安全性有明确的规定和要求，满足这些要求有助于企业规避合规风险，保持良好的企业形象。

(4）优化能源配置：控制与保护策略可以实现对电力系统的优化控制，提高能源的利用率，降低能源损耗。优化能源配置可以确保能源的高效、清洁和可持续发展，以满足社会经济的快速增长和环境保护的要求。我国政府和企业应充分认识优化能源配置的必要性，采取有效措施，推动能源生产和消费方式的转变，为构建美丽中国和实现可持续发展目标做出贡献。

(5）减少故障损失：控制与保护策略设计能够快速发现和隔离故障，缩小故障范围，降低故障损失。故障损失是指设备故障导致的生产停滞、产品质量下降、额外维修成本等负面后果，它直接影响了企业的经济效益和市场竞争力，其所带来的影响是不可估量的：生产效率下降，产品质量受损，需要额外的维修成本，延误交货时间，一旦这种"不小心"成了社会的主流，生活的质量将大打折扣，所以我们要积极地采用合理的方案：引入预防性维护，通过定期检查、保养设备，可以及时发现并排除潜在隐患，降低故障发生的概率；优化生产流程，分析生产过程中可能导致故障的环节，优化工艺流程、工作站布局等，降低故障风险。

(6）提高系统自动化水平：控制与保护策略设计可实现对电气设备的自动控制和保护，减轻人工操作负担，提高系统运行效率。随着信息化建设的不断深入，提高系统自动化水平已成为当前发展的重中之重。为了实现这一目标，设计主体需要重视信息化顶层设计，全面实施信息资源规划，以解

第六章　配电农网架空线路自动化的建设

决现有系统中存在的信息孤岛等问题。

（7）适应性强：合理的控制与保护策略能够适应各种工况和负荷变化，满足不同场景的需求，所以加强适应性是有必要的手段。

在现代工业生产和自动化领域，控制与保护策略面临的环境往往十分复杂，包括了温度、湿度、压力等多种不确定性因素，适应性强的控制策略能够在这样的环境下保持系统的稳定运行，确保设备安全和生产过程的顺利进行。

在许多应用场景中，被控对象的工况会随着时间的推移而发生变化，例如电力系统的负荷波动、化工过程的温度变化等，及时感知这些变化，并自动调整控制参数，以保证系统的性能稳定，是适应性强的控制策略的体现。

在自动化系统中，设备故障是无法避免的，适应性强的控制策略具有故障诊断和容错控制能力，能够在设备出现故障时，及时检测并进行调整，确保系统的正常运行。

（1）易于维护和管理：控制与保护策略设计使系统布局更加清晰，设备易于维护和管理，降低运行成本。信息和数据成为社会发展的重要驱动力，同时也给信息安全带来了严峻挑战，所以有必要对信息系统进行加强与管理。

（2）降低运营成本：易于维护和管理的信息系统能够降低企业的运营成本，对于企业而言，信息系统是日常运营的重要基础，而复杂的系统往往意味着高昂的维护成本，通过选择易于维护和管理的信息系统，企业可以减少在这一方面的投入，从而降低整体运营成本。

（3）提高工作效率：简单的系统意味着用户容易上手，减少了培训时间和成本，同时，易于维护的系统还能够降低企业在故障排除、升级和优化等方面的耗时，使得企业能够更快地响应市场变化，提高竞争力。

（4）保障数据安全：在当前网络安全环境下，数据安全已成为企业关注的焦点。为了更好地保证数据的安全，经常性地维护和管理信息系统，一直以来都是一个好办法。原因有三：首先，简单的系统漏洞较少，降低了遭受网络攻击的可能性；其次，易于维护的系统能够及时更新安全补丁，防范潜在风险；最后，系统管理成本低，企业有更多资源投入数据安全保护中。

（5）应对法规合规要求：在全球范围内，各国政府对信息安全的法规要求越来越严格。维护和管理的信息系统有助于企业满足这些法规要求，降低合规风险。简单的系统使得企业能够在合规方面投入更少的精力和成本，确保企业可持续发展。

（6）提高电力系统的智能化水平：控制与保护策略设计可为基础，方便实现电力系统的智能化升级，为智能电网的发展奠定基础。

（7）构建先进的调度技术支持系统：融合信息通信技术，汇集一次能源、设备状态、用户侧资源、气象环境等各类信息，构建全网监视、全频段分析、全局优化、协同控制、智能决策、主配一体的调度技术支持系统，以提高电力系统运行控制的自适应和数字化水平。

（8）运用数据智能和人工智能技术：应对新能源的不稳定性对电网造成的冲击，采用数据智能和基于时序数据的数据智能，进行基于AI技术的复合预测，提升复合预测的精度，对电网将要面临的压力做出针对性的准备。

（9）构建智能调度大脑：针对电网复杂性和对调度响应的时间要求越来越高的问题，开发基于AI技术的智能调度大脑，提高电网的运行效率和稳定性。

（10）发挥电力数据的经济价值：通过挖掘和分析电力数据，为电力市场化交易、电力需求响应、分布式能源管理等提供数据支持，从而提高电力系统的运行效率和市场竞争力。

（11）推进新型电网建设：加快新型电网建设，提高电网的智能化、绿色化和可持续性。以"双碳"目标（碳达峰和碳中和）为指导，推动新能源成为电源装机的主力，加快能源消费结构转型。

第六章　配电农网架空线路自动化的建设

（12）加强跨界合作：与信息技术、大数据、物联网等产业深度融合，推动电力系统智能化技术创新和应用，提高整个电力系统的智能化水平。

（13）培养专业人才：加强电力系统智能化相关领域的教育和培训，培养一批具备专业知识、创新能力和实践经验的专业人才，为电力系统智能化建设提供有力支持。

通过以上措施，有望提高我国电力系统的智能化水平，为能源转型和绿色低碳发展提供有力支撑。

第三节　设备选型与部署

架空线路的选择是很谨慎的，比如最直接的两个因素：设备选型与部署，它们直接影响着架空线路的运行效率和安全性能。其重要性体现在以下几点。

一、设备选型的重要性

（1）输电设备的选型：输电设备是架空线路的核心组成部分，包括杆塔、导线、绝缘子、避雷器等。这些设备的选型要充分考虑线路的输电能力、运行环境、地形地貌等因素，以确保电能的有效传输。

（2）配电设备的选型：配电设备主要包括变压器、负荷开关、断路器等。这些设备的选型要依据负荷特性、供电可靠性、经济性等因素来确定，以满足用户的用电需求。

（3）保护设备的选型：保护设备是确保架空线路安全运行的关键，包括继电保护、故障指示器等。这些设备的选型要能够快速、准确地检测和切除故障，防止事故扩大。

二、设备部署的关键性

（1）设备布局：合理的设备布局可以提高架空线路的运行效率，降低

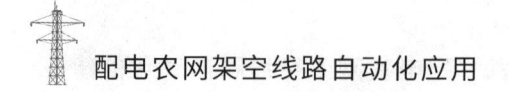

故障率。在部署设备时，要充分考虑线路的走向、地形地貌、负荷分布等因素，使设备能够发挥最佳性能。

（2）设备安装：设备安装是架空线路建设的重要环节。在安装过程中，要确保设备牢固可靠，接地良好，以防止设备故障导致事故。

（3）设备调试：设备调试是确保架空线路正常运行的关键。在调试过程中，要对设备进行严格检测，排除隐患，确保设备性能达标。

三、智能终端设备选择

随着科技的发展，智能终端设备已经深入到我们生活的方方面面，无论是智能手机、平板电脑还是智能穿戴设备，都在不断改变着我们的生活习惯。在面对众多智能终端设备的选择时，设备选型与部署尤为重要。以下是智能终端设备在配电农网中的应用优势。

（1）提高供电能力：智能终端设备能够实时监测农网运行状态，通过远程控制和优化调整，有效提高农网供电能力，智能终端设备可以监测农网负荷变化，根据负荷需求及时调整配电变压器的输出参数，确保供电的稳定性和可靠性。

（2）提升供电质量：智能终端设备具有故障检测和预警功能，能够及时发现和处理农网中的故障问题，通过实时监测电压、电流等参数，智能终端设备可以准确判断电网运行状况，提前预警潜在风险，从而降低故障发生的风险，提高供电质量。

（3）优化供电服务：智能终端设备可实现对农网的远程监控和管理，提升供电服务的效率和质量，运用智能终端设备，供电企业可以实时了解农网运行情况，快速响应客户需求，提供更加便捷、高效的供电服务，智能终端设备还可用于电能计量、电费结算等业务，方便农民用户办理相关手续。

（4）促进能源转型：智能终端设备在农网中的应用有助于推动清洁能源的发展和利用，具有实时监测分布式光伏发电设备的运行状态，优化发电

第六章　配电农网架空线路自动化的建设

调度，提高光伏发电的接入和消纳的能力。

（5）提升农网智能化水平：智能终端设备是农网智能化发展的基础。通过部署智能终端设备，农网可以实现信息化、数字化管理，提高农网运行的智能化水平。在此基础上，还可以为农网拓展更多创新业务，如智能家居、电动汽车充电等，满足农民日益增长的需求。

合适的设备选型能够满足不同场景的需求。以家居智能终端为例，选择具备火灾报警、防盗报警和设备故障上报等功能的终端设备，可以有效保障家庭安全，实现智能家居的便捷与舒适。而在 5G 智能手机领域，选择具备强大处理能力、高清晰度显示和长时间续航的设备，可以满足用户在通话、短信、网络接入和影视娱乐等方面的需求，因此，根据具体应用场景选择合适的智能终端设备，是实现设备高效运转的关键。

在数字化会议系统中，通过集成 IT 技术、数字化技术、网络化技术等，实现人与人、人与机、机与机之间的互动，为会议提供高效的沟通环境，在此基础上，选择合适的智能终端设备并进行合理部署，可以有效降低系统故障率，确保会议的顺利进行。

提到智能终端设备的选择对设备选型与部署的重要性，那就不得不提及其多样性。

（1）功能适用性：智能终端设备的选型直接影响到终端用户的实际使用体验，针对不同的应用场景和需求，选择具备相应功能的智能终端设备至关重要，在家庭环境中，选择具备家居智能控制、安防监控等功能的设备更为合适；而在商务领域，则可侧重于办公协作、数据分析等功能的设备。而在电力线路中，拥有着多样化的电压等级：根据电力系统的需求，架空线路可以承担高压、中压和低压等不同电压等级的输电任务。通过合理的设计和选型，架空线路能够满足不同地区、不同负荷的电力需求。

（2）系统兼容性：各式各样的智能终端设备之间的互联互通，以及与

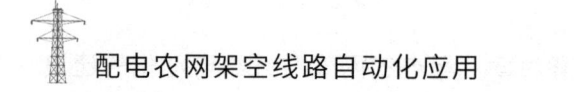

后台系统的兼容性是实现高效运维的一点体现。在选型过程中,应充分考虑设备之间的接口标准、数据协议等方面的一致性,以确保各个设备能够协同工作,降低系统整合成本。架空线路既可以应用于传统的火力发电、水力发电等电力系统,也可以服务于新能源发电系统,如风力发电和太阳能发电等。其兼容性有助于新能源的接入和推广,推动电力系统的转型升级。通过合理的设计和选型,架空线路可以满足各种电压等级的电力需求,实现电能的高效传输。

(3)技术成熟度:选择技术成熟、稳定的智能终端设备有利于降低设备故障率,提高系统稳定性,成熟的技术还意味着更丰富的市场支持和服务资源,便于应对设备维修、升级等问题。在我国,架空线路设计技术逐渐成熟,相关规定和标准不断完善,为电力行业的发展提供了有力保障。

在架空线路设计中,路径选择与规划是关键环节。线路路径应与城镇(或工厂)规划相协调,与配电网络改造相结合,综合考虑运行、施工、交通条件和路径长度等,还需遵循少占或不占农田、不损害绿化、不影响名胜古迹等原则,确保线路安全运行。

杆塔设计是架空线路安全运行的基础。在设计中,要综合考虑地形、地质、气象、电磁环境等因素,选择合适的杆塔型式和材料,目前,我国已经拥有成熟的设计方法和选材标准,包括钢筋混凝土杆、钢管杆、复合材料杆等多种类型的杆塔,以满足不同地域和场景的需求。

导线是架空线路传输电能的核心部件。在导线选型与布置方面,我国已经形成了成熟的技术规范,根据配电线路的电压等级、负荷容量、跨越距离等因素,选择合适的导线材料和规格,除此之外,还需考虑导线的排列方式、悬挂形式、绝缘子配置等方面,确保线路的安全、可靠、经济运行

同时,随着国家电网公司企业标准《农网智能型低压配电箱功能规范和技术条件》Q/GDW 614—2011 的实施,农网智能型低压配电箱的功能规范和技术条件得到了明确,这将有助于推动农网智能配电台区标准化、规范化

第六章　配电农网架空线路自动化的建设

建设，满足客户对供电能力、供电质量和供电服务的新要求。未来，智能配电市场将持续快速增长，主要发展趋势如下。

（1）技术创新：智能配电系统将集成物联网、人工智能、大数据、云计算等技术，实现设备的远程监测和智能控制，提高配电系统的效率和安全性。

（2）能源转型：随着全球对可再生能源的需求不断增加，智能配电系统将为可再生能源的接入提供更好的支持，实现能源的高效利用和优化调配。

（3）区域差异：不同国家和地区的智能配电市场发展水平和需求不同，未来将出现更多面向本地市场的智能配电解决方案和服务。

（4）产业竞争：智能配电市场将逐渐呈现出产业链完整、竞争激烈、创新驱动的趋势，行业内的龙头企业将会逐步崛起。

（5）增长潜力：随着全球能源需求的增长，智能配电市场将持续扩大，未来几年的年复合增长率预计将超过10%。

在配电农网领域中，智能终端设备的选择应充分考虑以下因素：

（1）适应性：设备应具有良好的适应性，满足农网环境恶劣、负荷波动大等特点，确保稳定运行。

（2）易用性：设备应具备友好的用户界面，便于操作和维护，降低运维成本。

（3）可靠性：设备应具有较高的可靠性和故障容错能力，确保供电可靠。

（4）经济性：在满足性能要求的前提下，设备应具备较高的性价比，降低投资成本。

（5）兼容性：设备应具备良好的兼容性，便于与其他智能终端设备和系统平台协同工作。

四、通信设备选型

在众多通信设备中，选择适合的设备进行选型和部署成为保障网络稳定运行的重要因素。通信设备选型是指在构建通信网络时，根据网络需求、应用场景、预算等因素，选择合适的通信设备的过程。通信设备选型主要包括以下几个方面：

（1）确定设备类型：根据通信网络的类型（如光纤通信、无线通信等）和应用场景（如企业网络、数据中心、物联网等），确定所需的通信设备类型。

（2）性能参数：评估设备的性能参数，如处理能力、带宽、端口密度、故障切换等，确保设备能够满足网络的性能需求。

（3）兼容性与可扩展性：选择具备良好兼容性与可扩展性的设备，以便在网络扩容和升级时能够实现平滑过渡，了解设备是否支持多种协议、接口和功能模块。

（4）设备可靠性：评估设备的可靠性，包括设备的故障率、故障恢复能力等，确保通信设备在故障情况下能够快速恢复正常运行，降低故障对业务的影响。

（5）易用性与维护成本：考虑设备的易用性，包括设备体积、质量、供电要求等方面，包括设备的故障监控、远程管理以及日志记录等功能，以降低维护成本和提高运维效率。

（6）厂商支持与技术服务：选择具备良好技术支持和售后服务的厂商，在通信设备选型过程中，应了解厂商在业内的声誉、技术实力以及售后服务体系，以确保设备使用过程中的技术支持和问题解决。

合适的通信设备不仅能够保证通信线路的稳定运行，降低故障率，还能有效提高通信质量和效率。做到保障通信安全，提高通信质量，方便运维人员实时了解线路状况，及时发现并处理故障，降低故障恢复时间，提高工作效率。通信设备选型需要具备良好的可扩展性和兼容性，以适应未来网络发

第六章　配电农网架空线路自动化的建设

展的需求。

同时，随着农村经济的发展和电力需求的日益增长，配电农网的规模不断扩大，设备种类和数量也逐渐增多。而通信设备选型直接影响到农网系统中数据的实时采集、传输和处理，高质量的通信设备可以确保监测数据的准确性、实时性和完整性，为配电管理人员提供准确的决策依据，从而实现对农网设备的远程调控和优化运行。

合理的通信设备选型可以降低系统间的通信成本，提高信息传输效率，实现农网系统中各个环节的高效协同和优化调度。高品质的通信设备可以支持高级数据分析、预测性维护等功能，为农网的智能化管理和优化提供技术保障。可靠的通信设备可以提高农网故障检测、定位和恢复能力，降低系统故障对电力供应的影响，此外，安全性较高的通信设备可以有效防范网络攻击和数据泄露等风险，确保农网系统信息安全。易于维护和管理的通信设备可以降低运维成本，提高工作效率，为农网的长期稳定运行提供支持。在保证系统性能和功能的前提下，选用具有较高性价比的通信设备可以降低总投资成本，缩短投资回收期，为农网项目的经济性提供支持。

电力系统的发展，离不开通信设备这个最基础的设备，目前多种多样的项目正在向着更高质量的理念转型。

近年来，我国政府高度重视农村互联网基础设施建设，大力推进农村宽带网络覆盖，通信设备在农网领域的市场需求随之攀升，将为农民提供更好的信息化服务，助力农业现代化。

政府在农网通信领域出台了一系列扶持政策，包括资金支持、税收优惠等，以加快农网通信设施建设，这些政策为通信设备企业在农网领域的发展提供了良好的外部环境，有助于推动产业壮大。

通信设备企业在市场竞争中，纷纷将目光投向农网领域，它们通过技术创新、自主的产品研发，为农网提供个性化、定制化的通信解决方案，一些企业还与地方政府、电力公司等合作，共同推进农网通信设施建设。

五、监测与控制设备选型

监测技术是在配电农网中，主要用于实时监测农网设备的运行状态，如电流、电压、温度等，并及时处理可能出现的故障，以保证电力供应的稳定性和安全性的技术，具备了远程控制农网设备的开启、关闭和调节，从而提高农网运行的智能化和管理效率的技术也是检测技术。

如何选择合适的监测与控制设备，这成了一个很重要的话题，特别需要注意以下几点：

（1）设备兼容性：农网设备种类繁多，因此选择的监测与控制设备应具备良好的兼容性，能够适应各种设备的接入和监控需求。

（2）系统稳定性：农网运行环境复杂，对监测与控制设备的稳定性要求较高，选型时应充分考虑设备的稳定性，以确保系统在长时间的运行过程中不会出现故障。

（3）数据处理能力：监测与控制设备应具备强大的数据处理能力，能够实时处理和分析各种监测数据，及时发现异常情况，并发出警报。

（4）易用性和可维护性：农网工作人员的技能水平参差不齐，因此监测与控制设备应具备良好的易用性，便于工作人员快速上手，设备的可维护性也是重要考量因素，便于日常维护和故障排查。

（5）成本效益：在满足性能和功能需求的前提下，选择的监测与控制设备应具有较高的成本效益，降低农网运营成本。

配电农网的未来发展会朝着更为便捷、环保的方向稳步进行。在碳达峰、碳中和的大背景下，农村电网将更加注重节能减排，所以监测与控制设备选型应关注设备的能效和环保性能，通过采用高效、低能耗的设备，降低电网运行成本，减少能源消耗，助力我国实现绿色低碳发展目标。

随着分布式能源和微电网技术的不断发展，监测与控制设备选型需适应

第六章　配电农网架空线路自动化的建设

这一趋势，为农村地区提供更加灵活、可靠的电力供应。监测与控制设备应具备协调分布式能源和微电网接入、调度和运行的能力，实现电网的安全稳定运行。

随着配电农网的智能化和信息化程度不断提高，网络安全问题日益突出，监测与控制设备选型应充分考虑网络安全因素，确保设备和数据的安全稳定，防止恶意攻击和信息泄露，提升农村电网的防御能力。

物联网和大数据技术在配电农网领域的应用将有助于提高电力系统的监测和控制能力，通过实时收集和分析农网各种设备的数据，实现对电网运行状态的全面掌握，为农网运行和管理提供有力支持。

为满足农村电网多功能、高效、便捷的需求，监测与控制设备选型将趋于一体化集成。集成化的设备能够简化系统结构，降低投资和运维成本，提高农网运行效率。

第四节　系统集成与优化

一、硬件设备布置与连接

在进行硬件设备布置与连接时，要确保设备位置合理、连接稳定、电源充足、设备正常运行。在此基础上，还应注意整理和维护硬件设备，以延长使用寿命，满足使用需求。

在我国农村地区，配电农网不仅是农民生活的重要基础设施，也是农业生产、加工和农村企业发展的电力保障，而在配电农网的建设和运营中，硬件设备的布置与连接显得尤为重要。

硬件设备的布置与连接是确保配电农网安全稳定运行的基础，合理的设备布局可以有效减小线路损耗，提高供电质量，采用科学的选择和布置，可

配电农网架空线路自动化应用

以降低设备故障率，确保电力供应的连续性和可靠性，这对于农村的生产生活是有重要意义的，尤其是在农作物灌溉、农业机械作业等环节，稳定的电力供应是保障农作物生产和农村经济发展的重要因素。

硬件设备的布置与连接对提高配电农网的运行效率具有积极作用，合理的设备连接方式可以降低线路电阻，减少能量损耗，从而提高输电效率，从而缓解农村地区电力供需矛盾，提高能源利用效率，硬件设备的升级和更新换代也有助于提高配电农网的智能化水平和自动化程度，为实现农村电力供应的现代化管理提供技术支持。

同时，合理的设备布局可以降低电磁辐射和噪声污染，减少对农村生态环境的影响，高效的电力供应有助于降低能源消耗，减少温室气体排放，是实现农村地区的绿色发展和生态文明的强有力的武器。

通过合理安排和布置配电设备，可以降低电力损耗，提高输电效率，在过去的电力供应系统中，配电线路长，电压等级较低，导致电力损耗较大，而现在，通过优化硬件设备的布置与连接，农村地区的电力供应稳定性得到了显著提升。

硬件设备布置与连接有助于提升农村地区的用电安全，合理的设备布置可以有效降低电力事故的风险，如架空线路避开灾害易发区域，设备连接牢固可靠，降低短路、漏电等事故的发生概率，这些措施能够保障农民群众的生命财产安全。

逐渐普及开来的可再生能源，正在被助推发展，农村地区也开始探索发展光伏、风电等清洁能源，硬件设备的优化布置与连接为农村清洁能源的接入提供了便利，推动了农村绿色能源的发展，有利于减少对传统化石能源的依赖，保护生态环境。

人们通过科学的设备布置与连接，可以方便电力企业对设备进行实时监测和故障排查，提高电力系统的管理水平，也为农村电力供应的持续稳定添加能量。

第六章 配电农网架空线路自动化的建设

二、遥控通信系统集成

近年来,农村经济的快速发展和农村用电需求的不断增长,使得配电农网在我国农村地区扮演着越来越重要的角色,而遥控通信系统在配电农网中的集成,则是最值得提及的一环,遥控通信系统在配电农网中的重要性体现在以下几个方面。

(1)提高供电可靠性:遥控通信系统能够实时监测农网配电线路的运行状态,及时发现并处理故障,从而确保供电的稳定性和可靠性,电力企业可以远程操控配电设备,进行故障排除和维护,有效减轻人工巡检的工作量,提高供电可靠性。

(2)优化配电网布局:遥控通信系统可以为电力企业提供精确的线路运行数据,有助于分析和优化配电网布局,对农网配电线路的负载情况进行实时监测,电力企业可以合理调整线路规划,优化供电半径,降低线损,提高供电效率。

(3)促进新能源接入:随着新能源的广泛应用,遥控通信系统在配电农网中的集成显得尤为重要,遥控通信系统可以实时监测新能源设备的运行状态,保障新能源的顺利接入和消纳,促进农村地区清洁能源的发展。

(4)智能化与信息化管理:遥控通信系统可以将农网配电线路的运行数据传输至监控中心,实现对线路的实时监测、故障诊断和快速处理,有助于提高配电线路的管理水平,实现智能化与信息化管理,为农村电网的发展提供有力支持。

(5)降低运营成本:遥控通信系统可以减少电力企业的人工巡检和维护成本,通过远程监控和故障处理,提高工作效率,降低运营成本。

(6)这一特殊性质,使得配电农网发展出了新的功能,即远程抄表与结算:遥控通信系统可以实现远程自动抄表,方便电力企业精确掌握用户的用电量,减少人工抄表的误差,基于用电量的自动结算功能,有助于提高农村电力供应的信息化管理水平；信息公告与客户服务——遥控通信系统还可以用于信息公告和客户服务，如发布供电政策、用电安全知识、停电通知等，与客户进行实时互动，提高电力企业与农村用户的沟通效率，提升服务质量。

（7）配电农网领域的应用，是遥控通信技术新的尝试，与此同时，衍生出了新的功能与领域：除了传统的配电自动化、故障监测等功能外，还将拓展到智能电网、新能源接入、电动汽车充电等领域，为农村电力用户提供更加便捷、高效的服务。

（8）企业开始尝试能源互联网建设：未来，遥控通信系统将助力能源互联网的建设，实现电力系统的分布式、双向互动和互联互通，这再一次证明，能源互联网可以更好地调度和管理电力资源，提高农村地区的供电质量和稳定性。

三、数据采集与处理优化

农村地区电力设施分散、负荷波动大，需要借助数据采集与处理技术，以提高供电可靠性，降低运营成本，保障电力系统的安全稳定运行。以下是数据采集与处理优化在配电农网中的具体应用。

（1）监测与诊断：通过在配电农网上安装智能电表、传感器等设备，实时采集电压、电流、功率等关键数据，有助于发现设备运行异常、潜在故障，并及时进行排查与处理，降低故障率。

（2）用电负荷管理：用电负荷管理是一种针对电力系统中电力需求和供应平衡的管理策略。通过数据分析，可以了解农村地区的用电规律，为电力调度提供依据，实现电力资源的高效配置，在高峰时段，可以根据实时数据进行负荷预测，采取合理的调度措施，避免过载现象的发生。

（3）线损管理：线损是配电农网中的一项重要指标，在采集了线损相关数据之后，能够自行分析损耗原因，采取针对性的措施降低线损，提高能源利用率。

第六章　配电农网架空线路自动化的建设

（4）设备优化运行：借助数据采集与处理技术，可以实时监测农网设备的运行状态，发现潜能并采取优化措施，如果能够在保证设备安全运行的前提下，适当提高发电机的负载率，对于提高设备利用率将会有很大的帮助。

（5）新能源接入与应用：随着新能源在农村地区的推广，数据采集与处理在新能源接入、调度、消纳等方面越来越受到重视，实时监测新能源发电量、电力需求等数据，可以实现新能源的高效利用，降低对传统能源的依赖。

但在目前的配电农网领域之中，数据采集与处理优化技术仍旧存在着不小的缺陷：

（1）代理IP风险：在使用轮换代理IP进行数据采集时，如果代理IP的质量不高，可能会导致数据采集失败或泄露真实IP，此外，频繁更换代理IP也可能会引起目标网站的警惕，从而导致数据采集困难。

（2）功耗与响应速度：在工业自动化应用中，低功耗是一个关键要求，可是如何在保证低功耗的前提下，实现高速响应，是一个设计挑战。

（3）无线传感器网络：随着无线传感器技术的普及，如何有效地组织无线传感器网络，以实现高效的数据采集，是一个重要的研究方向，这就需要网络管理系统。。

（4）SNMP（简单网络管理协议）数据采集引擎：基于SNMP的数据采集引擎是网络管理系统的重要组成部分，在实际应用中，SNMP数据采集引擎可能存在采集效率低下、准确性不足等问题，需要对其采集算法进行优化。

（5）即将到来的社会，会面临着更加严峻的挑战和更为丰富的机遇：不同国家和地区的配电农网发展水平和需求存在差异，将出现更多面向本地市场的智能配电解决方案和服务，考虑到农村地区的特殊性，例如地域广阔、电力需求不稳定等，个性化、定制化的配电方案将受到欢迎。

（6）产业链完善与竞争激烈：智能配电市场将逐渐呈现出产业链完整、竞争激烈、创新驱动的趋势，行业内的龙头企业将会逐步崛起，推动整个行

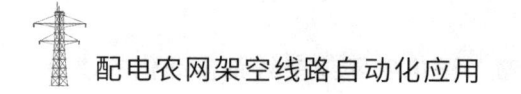

业的快速发展，市场竞争也将促使企业不断提高技术研发和创新能力，以满足不断变化的市场需求。

（7）市场规模的扩大：随着全球能源需求的增长，智能配电市场将持续扩大。预计未来几年的年复合增长率将超过10%，市场规模将逐步扩大。

第五节　典型案例的效果与分析

一、南方电网公司全力推进南方五省区农村电网巩固提升

（一）项目背景与需求

产业振兴是乡村振兴的重中之重，随着乡村产业的蓬勃发展，农村用电量在加速增长，人民的幸福感得到了提升，因而这几年，全面推进乡村振兴成了新时期建设的重中之重。我国农村地区农业生产对电力需求日益增长，特别是在现代化农业发展中，电力成为关键的驱动力量，农业机械、灌溉系统、农产品加工等各类农业设施对电力供应有较高要求。

我国正积极推进能源转型，发展清洁能源，农村电网项目建设成为支撑这一战略的重要环节，新能源如太阳能、风能等在农村地区具有广阔的开发前景。

国家高度重视农村电网建设，加大对农村电网改造的投入，以提高农村电力供应保障能力。

"注重补齐农村电网的薄弱环节，以数据运用能力提升带动电能质量升级。"全国人大代表、南方电网公司贵州铜仁500kV松桃巡维中心副站长周敬余建议。

基于幸福指数的增长以及人民的需求，农村电网项目继而被提出了更高的要求：比如提高供电可靠性，优化电网结构，扩大电网的覆盖范围，助力

第六章　配电农网架空线路自动化的建设

乡村振兴。

（二）实施方案与工作进展

实施方案：精准升级农村电网，推动构建能源新体系。

2023年3月，贵州省遵义市湄潭县兴隆镇龙凤村一片繁忙景象。"我们正在进行兴隆'乡村茶情'示范点建设，进度为30%左右，预计今年底全面投产。"贵州电网公司遵义湄潭供电局项目管理中心副经理冷波介绍，该项目是湄潭县现代农村电网示范县项目的组成部分，投运后将力争实现湄潭县电网自愈覆盖率达100%。

距离龙凤村480km外的广西壮族自治区百色市凌云县，山地面积占全县总面积的93.32%。广西新电力投资集团自2019年成立以来，结合凌云县群众分散居住及深山产业布点，精准规划建设电网。截至2023年底，累计在凌云县完成电网改造投资6.08亿元，相当于再造一个凌云电网。2022年，该县配网自愈覆盖率从零提升至53%。

（三）工作进展

春季，是万物复苏的节气。在"中国糖都"广西壮族自治区崇左市，田间地头随处都能看到机械化耕作场景；在云南省玉溪市"中国野生食用菌之乡"易门县，野生菌深加工车间机械运转不息；在广东省江门市台山市攀桂里村，大鹅热了吹空调、冷了开暖气，养殖业红红火火……一个个生动的场景正汇聚成农业升级、农村进步的乡村振兴多彩画卷。

农村电网的翻新，带动了农村经济的持续发展。在逐渐步入创新的时代里，虽然举步维艰，可是发展农村特色产业、农业观光旅游等产业却是一项需要沉下心去做的事业。

（四）应用后的效果评估指标体系的建立

如此生动的画卷，离不开政策的大力支持。

贵州电网公司印发2022年配电网规划建设"一局一方案""一县一可

研"工作方案，全年农村电网巩固提升工程完成投资41.78亿元，全面完成2 500余个中央投资农网工程建设；广西电网公司2022年投入85亿元巩固提升农村电网；广东电网公司2023年将对接"百县千镇万村高质量发展工程"，基本建成揭阳揭西等现代化农村电网示范县；云南电网公司2023年将基本建成昆明西山、玉溪红塔新型城镇化配电网示范区和玉溪新平、迪庆维西现代化农村电网示范县；海南电网公司2023年底将基本实现配电自动化有效全覆盖，基本建成海口秀英、儋州那大新型城镇化示范区。

农村电网翻新是农村基础设施建设的重要组成部分，有利于推进农村新型城镇化进程，优化电网布局，提高农村电力供应能力，为农村居民提供与城市相近的电力服务，缩小城乡差距。为了落实好国家能源发展战略，在提高能源利用效率、促进清洁能源的开发和利用的同时，进一步推动农村电网升级改造，有助于优化能源结构，提高农村地区能源供应的可持续性。

二、国网山东昌邑供电："配农网工程不停电"促供电可靠性再升级

（一）项目背景与需求

"多年以前尤其是夏天，小区附近好像都会发生两三次停电的情况，现在几乎没怎么有停电了，我都不记得上次停电是什么时候了……"2023年以来，昌邑市民对停电的感受越来越少。截至9月中旬，昌邑电网供电可靠性达99.983 5%，平均每户1年累计停电时间仅0.97 h，与去年同比降低41.76%，在潍坊地区综合排名第一，处于省内领先水平。

供电可靠性是衡量电力系统持续供电的参数，目前已成为衡量地区经济发达程度的重要指标。国网昌邑市供电公司始终以"客户不停电"为目标，全力打造"结构好、设备好、技术好、管理好、服务好"的一流现代化配电网，持续改善企业和群众的用电满意度，为实现昌邑地区高质量发展打下坚实基础。

国网山东昌邑供电在过去的几年里，积极响应国家电网公司的号召，投

第六章　配电农网架空线路自动化的建设

入农村电网的翻新和改造工作中。工作人员秉承着"人民电业为人民"的服务宗旨，以提高农村供电质量和保障农民用电需求为核心，不断推进农村电网建设。

（二）实施方案与工作进展

"此次我们对双回线路开展旁路作业，需要安装旁路电缆线六根、旁路开关两台，工作量比以往翻倍，时间紧、任务重，请大家严格遵守流程，注意自身安全，行动！"2023年9月17日，昌邑110kV围子变电站工业线双回改造正如火如荼展开，工作人员通过旁路作业、割接调整的方式，全力实现企业"产能零损失"、居民"停电零感知"。

2020年，国网昌邑市供电公司借助市县一体化平台，向复杂作业领域聚力攻坚，不断创新带电作业技术，逐步推广多车作业、旁路作业等复杂作业技术在配网中的应用。截至2023年底，该公司带电作业项目种类达37种，实现了配网线路检修"能带必带"，一并解决了工程施工和缺陷处理中的难题，为公司争创配农网不停电示范县提供了强力支撑，实现了带电作业到带负荷作业质的飞跃。

"我们提前梳理施工方案，把设备停电的检修时间精确到分钟，积极制定分段停电安排、负荷转供模式，全力确保线路零停电。"2023年4月24日，国网昌邑市供电公司变电检修项目带班负责人到110kV柳疃变电站10kV开关柜改造工程现场开展双勘察工作。此次施工采用分级、分段逐步停电的方式，一次全线停电拆分成多次、分段停电并进行负荷转供，在将原停电时户数从4830时户压降为0时户的同时，"多兵种"协同作战，检修消缺、隐患治理"一遍过"，不仅提高了秋检的效能，更为辖区可靠供电打下了坚实基础。

该公司通过加大配农网工程配网自动化建设投入，累计投资4.31亿元，安装配网自动化终端453个，线路自动化实现了覆盖率100%。2020年以来，

配电农网架空线路自动化应用

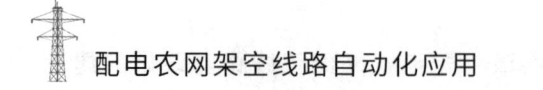

国网昌邑市供电公司认真看电网结构，定期分析配网负荷分布特点和变化规律，确定配网自动化终端安装位置，及时记录开关动作数值，分析设备使用效果和动作规律，准确把握设备特点和技术参数，终端正确动作率大幅提升，累计利用配网自动化设备快速隔离和定位故障87起，有效减少了故障停电影响范围，缩短停电时间约230h，大大提高了配网线路供电可靠性，保证了供电服务水平。

在改造过程中，国网山东昌邑供电深入调查研究，了解农村电网的实际情况，针对性地解决了一系列问题。例如，对电网设施进行升级，提高电网的稳定性和抗风险能力；优化电网布局，提高电网的供电能力，满足农民生产生活需求；降低农村电价，减轻农民负担，助力乡村振兴。

此外，国网山东昌邑供电还致力于推广清洁能源，助力农村绿色发展。工作人员积极引导农民使用太阳能、风能等可再生能源，既降低了农村对传统能源的依赖，又提高了农村地区的生态环境质量。在推进农村电网翻新的同时，国网山东昌邑供电还注重农村基础设施建设和新型城镇化建设，努力提高农村居民的生活水平，缩小城乡差距。

（三）效果评估指标体系建立

根据规划安排，国网昌邑市供电公司在2022年全面实现就地式自动转供电，电网具备充足的容量裕度、坚强的负荷转移能力，并且具备系统故障自我诊断、快速隔离和一定的自愈能力，最终实现正常运行不限电、计划工作不停电、故障抢修少停电的目标。

在农村电网翻新和改造的过程中，国网山东昌邑供电充分发挥了企业社会责任，切实保障了农民的利益，旨在提高供电服务的质量和效率，确保电力供应的稳定和安全。对农村电网的翻新和改造，不仅为农民提供了稳定、优质的电力服务，还有力地推动了农村经济发展和社会进步、电力行业技术创新和产业发展，为构建现代化经济体系提供了支撑。

第六章　配电农网架空线路自动化的建设

（四）案例分析和评价

过去的农村电力系统，尤其是农网，存在着供电可靠性较低、电压不稳定、线损较高等问题。这不仅影响了农村居民的生活质量，也制约了农村经济社会的发展。为了解决这些问题，我国政府提出了配电农网自动化建设的战略目标，加大投入，推动农村电力系统的升级改造。

配电农网自动化建设项目的实施，为农村地区带来了以下几方面的好处：

（1）提高了供电可靠性：通过自动化技术的应用，农村电网的供电可靠性得到了显著提高，减少了停电次数和停电时间。

（2）提高了供电质量：自动化系统能够实时监测和调整电压、电流等参数，有效降低线损，提高供电质量。

（3）促进了农村经济发展：农村电网供电能力的提升，为农村产业结构调整、农产品加工等提供了有力保障，促进了农村经济的发展。

（4）节能减排：通过配电自动化技术的应用，有助于提高电网运行效率，降低了电力系统的能耗，减少了温室气体排放，有利于实现绿色低碳发展，有利于环境保护。

通过实施配电自动化改造工程，国网昌邑市供电公司成功将故障停电恢复时长从"小时级"缩短至"秒级"，极大地提高了供电可靠性。国网昌邑市供电公司利用自动化技术，实现了电力系统运行的实时监测和智能调度，提高了电力资源配置的效率。供电自动化使得电网设备维护更加便捷，降低了运营成本，通过不断优化自动化系统，国网昌邑市供电公司已将客户年平均停电时间降低至0.21h/户，提高了企业竞争力，排名全国前列。

配电农网架空线路自动化应用

第七章
配电农网架空线路自动化应用

随着我国农业现代化的推进和农村经济的快速发展，配电农网的稳定运行对于保障农业生产和农民生活越来越重要。然而，传统的人工巡检方式存在效率低下、成本高、安全隐患等问题，难以满足现代农业发展的需求。因此，引入自动化技术，对配电农网架空线路进行自动化巡检和管理，成了当前亟待解决的问题。

配电农网架空线路自动化技术应用具有广泛的需求。通过自动化巡检和管理，可以提高线路的运行效率和管理水平，降低运维成本和安全风险，这需要得到技术支持和政策引导，推动自动化技术在配电农网架空线路中的广泛应用。

第一节　架空线路自动化开关保护配置的应用

一、架空线路自动化开关保护的基本原理

架空线路自动化开关保护的基本原理是通过一系列的自动化技术，实现对架空输电线路的实时监测、故障快速定位、自动隔离和恢复供电，以提高电力系统的可靠性和运行效率。

（1）传感器与监测装置是系统的"眼睛"和"耳朵"，它们安装在输电线路沿线，实时收集线路的电压、电流、温度、湿度等关键参数。这些数据对于故障检测和系统健康状态评估至关重要。

第七章 配电农网架空线路自动化应用

（2）故障检测算法是系统的"大脑"，它利用传感器收集到的数据，通过内置的故障检测算法（如波形分析、阻抗计算等），快速识别出线路中的异常情况。这些算法能够区分正常运行状态和故障状态，并在短时间内发出故障报警信号。

（3）故障定位技术则是系统的"导航系统"，一旦检测到故障，系统通过分析线路的电气特性变化或发送特定的测试信号，结合线路的物理参数（如长度、分段点等），准确判断故障点的位置。这一过程对于迅速隔离故障、减少停电范围具有重要意义。

（4）自动隔离与切除是系统的"手术刀"，在故障定位后，系统自动向相应的开关设备发送指令，执行故障线路的隔离操作。这通常包括断路器的合闸和隔离开关的操作，以切断故障部分，防止故障扩散。

（5）恢复供电机制则是系统的"急救站"，在故障被清除后，系统会自动或手动进行线路的恢复供电。这可能涉及重新合闸操作，以及对线路进行必要的检查和测试，确保线路安全可靠。

（6）人机界面与通信是系统的"神经网络"，自动化系统通常配备有人机界面，供操作人员监控系统状态、手动干预和进行系统配置。同时，系统通过通信网络与控制中心相连，实现数据交换和远程控制。

（7）控制策略与逻辑是系统的"指挥中心"，系统内部的控制策略和逻辑负责协调各个组件的动作，确保在故障发生时能够快速、准确地执行保护和恢复操作。

配电农网中开关保护的配置要求：

配电农网的开关保护配置要求包括选择合适的保护装置，如熔断器、断路器、继电器；设置合理的保护定值；实现有效的故障隔离；保证供电可靠性；考虑经济性；符合相关标准和规范；预留未来发展空间等几个方面，而应对不同情况的配置，都可以分别从这几个方面进行考虑。

配电农网架空线路自动化应用

（1）线路电流保护配置。这种配置按照上述方向进行考虑可得到以下结果。

① 选择合适的保护装置：根据线路的类型、长度和负载特性，选择合适的电流保护装置。常用的电流保护装置有熔断器、断路器和继电器等。

② 设定合理的保护定值：保护定值的设定应考虑线路的短路电流水平、负载电流和线路的长度。过高的定值可能导致保护失效，而过低的定值可能引起不必要的停电。

③ 实现有效的故障隔离：线路电流保护应具备快速切断故障的能力，以避免故障扩大和影响整个系统的稳定运行。

④ 保证供电可靠性：在设计保护配置时，应确保线路电流保护的可靠性，以减少停电时间和影响范围。

⑤ 考虑经济性：在满足安全和可靠性要求的前提下，应尽量降低线路电流保护的成本。

⑥ 符合相关标准和规范：线路电流保护配置应遵循国家和行业相关的标准和规范，确保其合规性和可靠性。

⑦ 预留未来发展空间：在设计线路电流保护配置时，应考虑到农网的未来发展需求，预留一定的扩展空间和灵活性，以便于后续的改造和升级。

（2）线路过载保护配置。线路过载保护装置也是一样，需选择合适的保护装置，如热继电器、电子式过载保护器；设定合理的过载保护定值，考虑线路最大承载能力和正常工作电流；实现快速切断功能，防止因过载导致的设备损坏和火灾风险；保证供电可靠性，避免误动作，同时在过载时及时切断电源；考虑经济性，在满足安全和可靠性要求的前提下降低成本；符合国家和行业相关标准和规范；预留未来发展空间，便于后续改造和升级。

二、架空线路自动化开关保护的配置方法

对架空线路进行自动化开关保护配置，就像给线路穿上智能"战衣"。

第七章　配电农网架空线路自动化应用

首先了解线路"身材",选择合适的保护装置;设定保护定值,确保能够与线路匹配;构建通信网络,实现信息传递;进行现场安装调试,确保设备正常工作;对操作人员进行培训;定期维护和升级,适应环境变化。使线路保持最佳状态。其中最为重要的两点如下。

(1)开关保护器件的选择。在选择开关保护器件时,必须进行细致的线路特性分析,包括线路长度、截面积、电压等级以及负载类型。这些参数对于确定所需保护装置的规格和性能至关重要。

针对线路的具体参数,应选用与之相匹配的保护装置类型,确保其能够有效应对预期内的各种故障情况。这包括但不限于过载、短路、接地故障等。

建立稳定且高效的通信网络对于保护装置的正常运行至关重要。该网络应具备高速数据传输能力,确保保护装置之间以及与控制中心之间的信息传递准确无误。

(2)参数设置与校准。开关保护器件的参数设置与校准也是配电农网自动化配置中极为重要的一环,开关的本质就是配电农网的"钥匙",而依据参数进行自动化调节就是系统自动化的"灵魂"。因此进行这一环节时应遵循以下严谨的步骤:① 采用精确的测量工具,对线路的物理和电气参数进行全面的收集;② 利用先进的分析软件,对收集的数据进行深度挖掘,以确保参数设置的科学性和准确性;③ 基于线路的运行环境、负载特性及历史保护记录,制定详尽的保护策略;④ 根据线路的具体需求,选择具有高性能指标和良好可靠性的保护装置;⑤ 考虑到未来的技术发展和可能的扩展需求,选择可扩展性强的保护装置;⑥ 紧接着,根据保护策略和装置性能,精确设定保护装置的动作参数;⑦ 通过实验验证和模拟测试,确保设定的参数能够有效应对各种故障情况;⑧ 确保保护装置与线路及其他相关设备的无缝对接,实现高效的数据传输和控制信号传递;⑨ 建立稳定可靠的通信协议,确保系统在各种环境下均能保持正常运行;⑩ 对保护装置

配电农网架空线路自动化应用

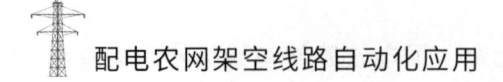

进行全面的功能测试，验证其各项功能是否符合设计要求；⑪使用精密的校准设备，对保护装置的关键参数进行精确校准，确保其准确性和可靠性；⑫根据技术发展和线路运行状况，及时进行保护策略的更新和优化；⑬建立完善的故障诊断和处理机制，对保护装置出现的故障进行快速定位和处理；⑭收集故障处理经验，定期向制造商提供反馈，推动产品的持续改进和技术升级。

三、配电农网架空线路的开关保护配置案例研究

本案例研究选取某农村地区的配电农网架空线路作为研究对象。该线路全长约50km，沿途经过多个村庄和农田。由于线路老化、设备损坏等原因，经常出现故障，给当地居民的生产生活带来了极大不便。为了解决这个问题，当地政府决定对该线路进行升级改造，其中包括对开关保护配置进行优化。

在优化之前，该线路的开关保护配置存在以下问题：

（1）保护设置不合理：由于历史原因，该线路的保护设置较为简单，缺乏针对性和灵活性。当线路发生故障时，保护装置无法准确判断故障类型和位置，导致误动作或拒动的情况时有发生。

通信设备落后：该线路的通信设备较为陈旧，无法实现与调度中心的实时通讯。这使得运维人员无法及时获取故障信息，无法迅速采取应对措施，增加了故障恢复时间。

针对上述问题，我们提出以下解决方案：

（1）优化保护设置：对线路进行全面的风险评估，根据线路的实际情况和运行特点，重新设计保护方案。采用先进的保护装置和技术手段，提高保护的准确性和可靠性。同时，加强保护装置的调试和维护工作，确保其正常运行。

（2）升级通信设备：引进先进的通信设备和技术，实现与调度中心的实时通信。通过通信网络，及时将故障信息传递给运维人员，提高故障响应

第七章　配电农网架空线路自动化应用

速度。同时，利用通信设备进行远程监控和数据采集，为故障分析和预防提供数据支持。

实施效果如下：

（1）故障定位准确性提高：通过优化保护设置和升级通信设备，故障指示器的故障定位准确性得到了大幅提高。当线路发生故障时，运维人员可以迅速准确地找到故障点，缩短了停电时间。

（2）通信效率提升：新的通信设备和技术手段的引入，使得与调度中心的实时通信成为可能。运维人员可以及时获取故障信息，提高了故障响应速度和处理效率。同时，通过通信设备进行远程监控和数据采集，为故障分析和预防提供了有力支持。

本案例研究表明，对配电农网架空线路的开关保护配置进行优化是提高供电可靠性的有效途径。通过优化保护设置、升级通信设备、加强设备维护和提高运维人员素质等措施，可以显著改善线路的运行状况，提高供电可靠性。未来，随着技术的不断发展和应用的深入，配电农网架空线路的开关保护配置将更加智能化、自动化，为电力系统的智能化管理和运营提供更有力的支持。

第二节　FA 在配电农网架空线路的应用

一、FA 概述

故障指示器（FA）是一种安装在配电线路上的智能设备，用于实时监测线路的运行状态并指示故障的发生。它通过检测线路中的电流、电压等参数的变化来判断线路是否发生故障。当线路发生故障时，故障指示器会自动记录故障信息并显示故障指示灯，以便运维人员迅速定位故障点并进行处理。

配电农网架空线路自动化应用

（一）故障检测和定位

（1）故障检测。故障指示器内置有传感器，能够实时监测线路的电流、电压、温度等参数。当线路发生故障时，如短路、过载、接地等，这些参数会出现异常变化。故障指示器通过设定的阈值来判断线路是否发生了故障。一旦检测到异常，故障指示器会立即记录故障信息并触发报警。

（2）故障定位。故障指示器通过记录线路中各点的参数变化，结合线路的拓扑结构和电气特性，利用算法计算出故障点的位置。这一过程通常涉及对线路的阻抗、电流分布等参数的分析。故障指示器可以采用不同的定位方法，如基于时间差的定位、基于阻抗的定位等，以适应不同的线路条件和故障类型。

（二）线路状态监控和维护

故障指示器通过内置的传感器，如电流互感器、电压互感器等，实时监测线路的电流、电压、温度等关键参数。这些参数反映了线路的运行状态，如正常运行、过载、短路等异常情况。故障指示器不仅能够实时监测线路状态，还能记录关键参数的历史数据。这些数据包括参数的变化趋势、峰值值、持续时间等，为故障分析和线路维护提供重要依据。

（三）远程操作与控制

远程操作与控制主要依托于故障指示器实时收集到的线路状态数据，包括电流、电压、温度等参数，通过通信接口将数据传输至远程服务器或监控中心。数据传输可以是实时的，也可以是周期性的，取决于通信带宽和数据量。

运维人员可以通过远程监控中心对故障指示器进行远程控制。这包括启动或关闭故障指示器的某些功能，如远程复位、远程测试等。远程控制功能可以帮助运维人员在无法到达现场的情况下，快速处理线路故障。

第七章 配电农网架空线路自动化应用

二、FA 在配电农网架空线路自动化中的作用和优势

故障指示器（FA）在配电农网架空线路自动化中扮演着至关重要的角色，其作用和优势体现在以下几个方面。

（1）快速故障定位：FA 可实时监测线路状态，迅速检测并记录故障信息，实现快速定位，缩短故障恢复时间。

（2）实时数据传输：FA 具备远程通信能力，可实时传输监测数据和故障信息至调度中心，提升运维效率。

（3）预防性维护：FA 可根据线路运行数据提供维护建议，提前发现潜在问题，避免故障，提高稳定性。

（4）降低维护成本：FA 可减少不必要的现场检查，优化维护计划，降低维护成本。

（5）支持智能化管理：FA 可与其他智能系统集成，实现线路优化调度，提升电力系统运行效率。

三、FA 故障检测和定位的方法与技术的应用

FA 故障检测历经多年发展，如今性能已十分出色，具体技术罗列如下。

（一）故障检测技术

利用温度传感器检测线路的温度变化，过高的温度可能表明线路存在过载或短路故障。温度传感器通常安装在关键部位，如电缆接头、变压器等，以便及时发现异常。

（二）故障定位技术

（1）时序分析法：通过比较故障点两侧的故障信号到达时间差，可以计算出故障点的位置。这种方法依赖于故障信号在线路中的传播速度，需要对线路的物理特性有准确的了解。

（2）阻抗分析法：通过测量线路的阻抗变化，可以推断出故障点的位置。这种方法适用于线路较短且故障点距离变压器较近的情况，需要对线路的电

气特性有详细的了解。

（三）应用实践

自动化监测系统：将FA与自动化监测系统相结合，可以实现对整个线路网络的实时监控，快速响应并定位故障。这种系统通常包括传感器、数据采集设备和中央处理单元，能够自动记录和分析故障数据，为运维决策提供支持。

移动应用：通过移动设备的应用程序，运维人员可以远程接收到故障指示器的信号，实时查看故障信息并进行定位。这种应用提高了运维人员的工作效率，使他们能够在任何地方及时了解线路状况。

1.FA在线路自动重连中的应用

在城市配电网中，线路往往较为复杂，故障发生后，传统的人工检修方式耗时较长。而FA在线路自动重连功能可以迅速定位故障点并隔离，缩短停电时间，提高供电可靠性。

通过自动化的故障检测和重连流程，减少了人工巡检的需求，降低了运维成本。同时，FA可以实时监测线路状态，提前发现潜在问题，避免大规模停电事件的发生，进一步节省了维修成本。

在自然灾害或突发事件发生时，如地震、台风等，线路可能遭受破坏。FA的线路自动重连功能可以迅速启动应急响应机制，快速恢复电力供应，保障社会正常运转和人民生活安全。

在实际应用中，FA广泛应用于城市配电网、工业企业、乡村电网等领域，为电力系统的稳定运行提供了有力支持。随着技术的不断进步和应用场景的拓展，FA的线路自动重连功能将发挥更加重要的作用，推动电力行业向智能化发展。

2.FA在线路恢复中的应用

这方面的运用主要在于恢复供电上，一旦故障被成功隔离并切换到备用

第七章　配电农网架空线路自动化应用

电源路径，FA将自动恢复供电。此时，线路恢复到正常运行状态，用户可以继续使用电力。乡村电网线路相对简单，但由于维护不足等原因，故障发生率较高。FA的线路恢复功能可以帮助运维人员快速定位故障点并进行恢复，提高了乡村地区的电力供应质量。

3.FA在电力质量管理中的应用：

故障指示器（FA）在电力质量管理中的具体应用主要体现在以下两个方面：

（1）频率监测：FA可以监测电力系统的频率，确保其保持在稳定的水平。频率的波动可能会对电力设备造成损害，影响电力系统的稳定性。通过实时监测频率，FA可以帮助运维人员及时发现并解决频率异常问题，确保电力系统的正常运行。

（2）谐波分析：FA可以分析电力线路中的谐波含量，评估谐波对电力系统的影响。谐波是电力系统中不希望出现的非正弦波形，它们可能会对电力设备造成损害，影响电力系统的稳定性。通过FA的谐波分析功能，运维人员可以了解线路中的谐波情况，采取相应的措施进行谐波治理，提高电力质量。

综上所述，故障指示器在电力质量管理中具有广泛的应用前景。通过实时监测、故障诊断、预防性维护、优化电网运行等手段，可以提高电力系统的稳定性和可靠性，降低能源消耗和碳排放，提高用户满意度。

四、FA配电农网架空线路的具体应用案例

2021年3月19日，丽水莲都10kV苏港A851线因大风天气引起线路短路故障，实现浙江省首次基于量子加密技术的全自动FA动作，依托4G+量子加密智能开关"三遥"功能结合主站FA自愈策略，仅历时48s便完成故障隔离、转供复电，相比以往人工抢修减少停电时间1h以上，节省停电时户数70余个，有效提升配网可靠供电能力，助力基层减负增效。

2018年，在6月30日的暴雨恶劣天气中，10kV阳光139线万锦1261分线箱发生故障。得益于FA系统的自动启动功能，故障自愈过程仅耗时57s，成功将故障点定位并隔离到最小范围，仅影响了4台配变（共336个低压用户）。剩余23台配变（涉及1 911个低压用户）在短时间内（57s）便完成了复电，有效节省了停电时户数约50个，显著提升了抢修效率。

2022年7月9日20时02分，大港头镇郑地191线发生单相接地故障，线路拉停造成部分居民家中停电，丽水供电公司抢修指挥长应用北斗"三遥（遥测、遥信、遥感）"技术参与故障处置，远程遥控孙郑联1923联络开关实现孙畲192线转供，相比之前节约了1h左右的人工赶路操作时间，快速恢复12台配变供电，有效提升了山区故障响应效率。

这几个案例充分证明了FA在电力系统中的重要作用，尤其是在应对恶劣天气和紧急故障情况时。FA通过实时监测、快速定位和隔离故障点，极大地缩短了故障处理时间，减少了停电范围，提高了供电可靠性。同时，FA的应用也减轻了运维人员的工作压力，提高了工作效率。

此外，这些案例也展示了FA在实际应用中的可行性和有效性。随着技术的不断进步和应用场景的拓展，FA将在电力系统中发挥更加重要的作用，为电力行业的发展做出更大的贡献。

第三节　基于人工智能的故障预测与隔离维护的应用

人工智能（AI）在故障预测与隔离维护中的应用主要是通过实时监测设备状态、收集和分析大量数据，然后应用机器学习算法来预测设备故障和优化维保计划。这种技术能够自动识别设备异常，提供实时警报和故障诊断，帮助维护人员快速定位和解决问题。

第七章　配电农网架空线路自动化应用

一、智能巡检

智能巡检是一种利用现代技术和设备进行的自动化巡检方式。它通过预设巡检路线，自动传输设备检测数值，发现异常自动上报。智能巡检系统可以实现定点定量巡检，减少人工疏漏和重复巡检问题，提高巡检准确率，从而避免资源的浪费。

在实际应用中，智能巡检系统可被广泛应用于各种环境和场所。例如，配电室巡检机器人可以采用全自动或人工遥控的方式，在无人值守的环境中进行24h在线稳定运行，并搭载多种传感器和相机，实现对现场环境全方位、多参数的动态监测。此外，智能巡检系统还可以应用于日志服务的智能巡检功能，通过自研的人工智能算法，对指标、日志等流数据进行一站式整合、巡检与告警。

智能巡检是指利用人工智能、物联网、大数据等先进技术，对设备、设施或者环境进行周期性的检查和监测。这种巡检方式可以有效提高巡检效率，减少人力资源的消耗，同时还能通过数据分析提前预警可能出现的故障，保障设备和设施的安全稳定运行。

智能巡检的发展趋势主要体现在以下几个方面：

（1）智能化：随着人工智能技术的不断发展，智能巡检系统将更加智能化，能够实现更高精度的设备故障诊断和预测。

（2）自动化：智能巡检系统将越来越多地采用自动化技术，实现设备的自动维护和更换，进一步提高巡检效率。

（3）集成化：智能巡检系统将与其他工业软件和系统进行集成，实现更加智能化的工业生产。

（4）高清化和超高清化：随着技术进步，监控单元将逐渐实现高清化、超高清化，提升画质和细节表现。

（5）智能化转型：随着人工智能、物联网等技术的不断发展，监控单元行业将面临智能化转型的市场机遇。

根据最新的市场研究报告，智能巡检机器人的市场规模在未来几年内有望继续扩大。随着技术进步、政策支持和市场需求的推动，智能巡检市场呈现出快速增长的趋势。

智能巡检作为一种新兴的技术应用，对于提高生产效率、降低安全风险、节约人力资源等方面都有着积极的影响。它不仅可以提高企业的经济效益，还有助于提升整个社会的安全生产水平和生活品质。智能巡检的发展前景广阔，随着技术的不断进步和市场需求的增加，智能巡检将在未来发挥越来越重要的作用。

智能巡检相比传统人工巡检具有显著优势。智能巡检可以大大提高工作效率，节省人力资源。通过自动化巡检任务分配，智能巡检系统能够根据巡检任务的特点和要求，自动规划和分配巡检任务，节约沟通成本，确保人力的合理利用；智能巡检还可以减少人工疏漏，提高巡检准确率；智能巡检系统可以实现定点定量巡检，减少人工疏漏和重复巡检问题，提高巡检准确率，从而避免资源的浪费；智能巡检可以有效记录和保存巡检数据，方便后续溯源和查询，避免重复劳动和资源浪费。

智能巡检通过结合先进的技术和工具，可以显著提升工作效率，主要体现在以下几个方面：

（1）自动化和智能化：智能巡检可以实现自动化和智能化，在减少人工干预的同时提高巡检的准确性和速度。通过设备的互联互通和实时数据的传输，智能巡检可以实时监测设备的运行状态、工作环境的情况以及设施的健康状况，及时发现问题并及时解决，避免了因巡检不及时而带来的潜在风险和损失。

（2）降低巡检成本：智能巡检可以通过云端存储和数据分析，实现对设备和设施的远程监控和管理，节省了人力和物力资源，降低了企业的巡检

第七章　配电农网架空线路自动化应用

成本。

（3）提升工作安全性：智能巡检可以通过传感器和监控设备实时监测环境参数和设备状态，在发生异常情况时及时发出警报并采取措施，保障巡检人员的安全。

（4）提供全面的数据支持：通过对巡检数据的分析和挖掘，可以深入了解设备运行情况、设施使用状况以及工作环境的变化趋势，为企业的决策和管理提供科学依据。

（5）巡检计划制定和任务分配：智能设备点巡检管理系统可以根据设备巡检的周期和要求，自动生成巡检计划，并根据实际需求，设定巡检频率和巡检内容。系统还可以根据巡检计划，自动将巡检任务分配给相应的巡检人员，提高巡检效率。

（6）移动端巡检：智能设备巡检管理系统支持移动端巡检，实现了巡检工作的移动化和便捷化。巡检人员可以通过APP，随时随地进行巡检操作，实时上传巡检数据和照片，这不仅节省了时间，还方便了数据的整理和管理。

（7）异常报警与处理：系统可以根据对巡检数据的分析，实时检测设备的异常情况，并发出报警信息。管理员可以及时得知设备的异常情况，采取相应的处理措施，避免设备故障给生产和安全带来的风险。

智能巡检通过自动化、数据驱动的方法，提高了巡检的效率和准确性，降低了成本，提供了更全面的数据支持，从而为企业带来了显著的效益。

由以上内容我们可以知道，智能巡检作为一种新型的巡检方式，已经在许多领域得到了广泛的应用，并且在未来有着广阔的发展前景。

一个具体的应用实例是新华三集团的 Intel MRT 技术，它可以根据微观内存故障分布情况进行预测，提前对映射到物理内存上的不同的 row 或 column 所处的地址进行预防性处理，提升内存可靠性，进一步提高系统的稳定性。当内存有部分发生 UCE（不可纠正）错误时，可以采用 PPR（页

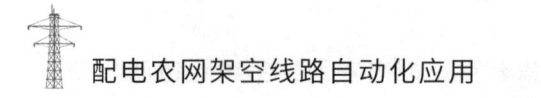

局部修复）来隔离故障的内存区域，避免后续访问该区域造成的系统宕机。此外，还可以采用后台巡检技术，发现潜在的风险点，采用替换的方案来修复部分内存的UCE故障。

随着工业4.0和智能制造的发展，设备智能维保系统作为智能工厂的重要组成部分，正逐渐受到企业的关注和重视。未来，企业可能会更加注重预防性维护，通过对设备运行数据的实时监测和分析，及时发现潜在故障并进行预防性维护，避免设备故障对生产造成影响。同时，通过智能感知设备和算法，系统能够实时监测环境变化和异常行为，及时发出预警，提升巡逻质量。

智能巡检是智慧城市建设中的一个重要组成部分，它通过利用先进的物联网、人工智能、大数据等技术，对城市的基础设施、公共设施等进行定期的检查和监测。这样可以有效地提高城市管理的效率，减少人力资源的消耗，同时还能通过数据分析提前预警可能出现的故障，保障城市设施的安全稳定运行。

二、具体应用场景

（1）城市基础设施监测：例如，中移坤灵物联网平台对智能感知终端进行统一纳管，通过对水表、燃气表、燃气报警器、烟雾报警器等设备进行监测，实现数据的收集、分析和治理。当城市中的井盖发生倾斜等异常情况时，平台能够实时告警，及时通知相关人员进行维修，提前预防确保道路安全。

（2）隧道智能化管理：基于"AIoT+GIS+UWB"（人工智能物联网+地理信息系统+超宽带技术）技术的隧道智能化管理平台及应用，可以为隧道的建设降低成本和风险，提高效率。该管理平台可以实时感知和监控隧道环境、设备和人员状态，实现智能传输和存储数据，并可对海量感知数据进行并行处理、数据挖掘与深度发现。同时，平台集成了智能巡检、维护保养、故障预警等功能，通过人工智能技术对隧道设施进行预测性维护和故障预警，减少设备损坏和事故发生的风险。

第七章 配电农网架空线路自动化应用

（3）移动化的智能巡检管理系统：结合了移动技术与智能化管理，为工程巡检带来了全新的理念和方法。通过传感器和现场设备的连接，系统能够实时采集工程数据，并对其进行分析和处理。这不仅减少了人力资源的浪费，还提高了数据的准确性与可靠性，能够更好地发现和解决问题，降低了风险。

未来，智能巡检在智慧城市建设中的应用将更加广泛。智能巡检可能会更多地依赖人工智能和大数据技术，实现更高级别的自动化和智能化。例如，通过智能算法对大量巡检数据进行分析，预测和识别出潜在的安全隐患，为城市管理部门提供科学依据，优化城市运行和规划。此外，智能巡检的应用领域也将进一步扩大，不仅在传统的工业领域，还将扩展到城市基础设施、环境监测、健康医疗等领域。

智能巡检通过提高城市管理的效率和精确度，促进城市的可持续发展，为智慧城市的建设和管理提供了强有力的支持。随着技术的不断创新和发展，智能巡检的应用将更加广泛，为智慧城市建设带来更多的机遇和挑战。

智能巡检技术在智慧城市建设中的应用正在迅速扩展，以下是一些更具体的方向。

（1）智能电网巡检：在电网巡检领域，无人机配合高分辨率摄像头和红外扫描仪可以对高压线路进行全面检查。例如，中国国家电网利用无人机进行日常巡检，能够在短时间内覆盖大量区域，及时发现线路缺陷和潜在风险。

（2）城市管道检测：智能巡检机器人可以进入城市地下管线进行检测，如自来水管、污水管和燃气管道。这些机器人能够携带摄像头和传感器，对管道内壁进行高清图像拍摄和数据收集，以便进行维护和修复。

（3）桥梁健康监测：智能巡检系统通过在桥梁上安装各种传感器，如应变计、加速度计和位移传感器，实时监测桥梁的受力情况和变形状态。这些数据可以用于评估桥梁的健康状况,并指导维修工作。

(4)交通设施巡检:智能巡检车辆配备多种传感器和摄像头,可以对交通标志、信号灯、路面状况等进行自动检测和分析。通过对交通设施的定期巡检,可以确保它们处于良好状态,提高交通安全性。

(5)公共安全监控:智能巡检系统结合视频监控和人工智能技术,可以实现对城市公共区域的实时监控。例如,通过人脸识别技术,可以快速识别可疑人员或追踪犯罪嫌疑人。此外,智能巡检系统还可以监测人群聚集情况,预防拥挤踩踏事故。

(6)环境监测与治理:智能巡检设备可以对城市环境进行全面监测,包括空气质量、水质、噪声等指标。这些数据可以用于评估环境状况,指导环保政策的制定和实施。同时,智能巡检技术还可以应用于垃圾处理和回收过程的监督,促进城市垃圾减量和资源化利用。

(7)建筑工地安全监控:在建筑工地,智能巡检机器人可以执行高空作业和危险区域的巡检任务,确保施工安全。这些机器人可以携带摄像头和传感器,对施工现场进行实时监控和数据收集,以便及时发现潜在的安全隐患。

(8)市政设施维护与管理:智能巡检系统可以对城市的路灯、公交站台、公园设施等进行定期巡检和维修。通过对这些设施的维护和管理,可以提高市政设施的运行效率和服务质量,为市民提供更加便捷和舒适的生活环境。

以上这些案例展示了智能巡检技术在智慧城市建设中的广泛应用和潜力。随着技术的不断发展和创新,未来智能巡检将在智慧城市建设中发挥更加重要的作用,推动城市的可持续发展和居民生活质量的提高。

三、维护系统的应用

维护系统是指一系列用于管理和监控设备、设施或系统的运行状态、性能和健康状况的工具和技术。这些系统通常包括实时监测、预测性维护、性

第七章　配电农网架空线路自动化应用

能优化等功能，旨在通过提前发现设备故障、减少生产中断时间、优化设备维护计划以及降低维护成本来提高生产效率和产能利用率。

维护系统的应用场景非常广泛，可以在多个行业中发挥作用。例如，在过程工业中，设备管理系统可以帮助企业集中管理和监控现场设备，实现全面的设备管理和维护。在钢铁行业中，通过智能维护技术，可以实时监测设备的运行状态，预测潜在故障，提前进行预防性维护，从而提高设备的可靠性，降低因故障停机造成的生产损失和维护成本。在智能空调行业中，通过物联网技术，可以监控空调系统的性能和现状，实现预见性维护，减少有问题的上门服务费用，提高客户满意度。

维护系统是一套集成了多种技术的综合平台，其目的是保证设备、设施或系统的正常运行和稳定性。这些系统通常包括实时监控、预测性维护、性能优化等功能，通过这些功能可以有效减少设备故障、降低生产中断时间、优化设备维护计划以及降低维护成本，从而提高生产效率和产能利用率。

维护系统可从以下几个方面提高工作效率。

（1）自动化运维：智能运维管理系统能够自动化地完成一系列重复性的运维任务，如监控设备状态、收集日志信息、执行巡检等。这样可以节省运维人员的时间和精力，降低人为操作带来的错误风险，并通过智能算法的支持，根据设定的规则自动进行故障诊断和处理，提高响应速度和问题解决效率。

（2）数据分析与预测：智能运维管理系统能够对大量的运维数据进行分析和挖掘，提供全面的数据报告和分析结果。运维人员可以通过系统的可视化界面直观地了解设备的运行状况和性能指标，及时发现异常情况并采取相应的措施。系统还能够通过对历史数据的分析，预测设备的故障概率和维修周期，提前做好维护计划，避免因设备故障带来的停机和损失。

（3）故障管理和优化：智能运维管理系统能够快速定位和处理设备故

障，提高故障处理的效率和准确性。系统会根据故障类型和设备状态，自动分配任务和资源，将故障信息及时传达给相关人员，并提供解决方案和指导。系统还能够对设备运行情况进行监控和分析，找出潜在的问题和瓶颈，提出优化建议，帮助企业提高设备的稳定性和性能。

以HYDO智能运维大数据管理平台为例，该平台可以对大规模数据中心的各类硬件、系统软件、应用软件进行秒级实时监控，并以可视化图形展示运行状态。通过实现最大并发数、优化监测功能的执行效率、优化操作系统的性能指标，实现大并发、高吞吐量、减少监控延迟，最终实现秒级响应。此外，该平台还能精准定位故障所在，快速进行根因分析，并将分析结果通过短信或邮箱的形式发送给管理人员，最大限度地降低故障处理难度，从而持续提升数字化业务运营和IT管理效率。

维护系统通过自动化运维、数据分析与预测、故障管理和优化等方面，显著提高了工作效率，减少了人力成本，降低了运行风险，同时也为企业提供了更多的时间和资源去专注于更具战略意义的创新工作。随着技术的不断发展，维护系统将继续在提高工作效率和维护质量方面发挥更大的作用。

维护一个系统涉及多个方面的工作，主要包括以下几个步骤：

（1）定期检查：对系统的硬件和软件进行定期的检查，确保它们处于良好的工作状态。这包括对服务器、存储设备、网络设备等的硬件进行检查，以及对操作系统、数据库、应用程序等软件进行检查。

（2）更新和修复：根据检查的结果，对出现问题的硬件进行修复或更换，对软件进行必要的更新或修复。这可能涉及打补丁、升级版本或者修复已知的漏洞。

（3）优化配置：通过对系统的监控，了解其在实际工作中的表现，并根据实际情况对系统的配置进行优化，以提高系统的性能和稳定性。

（4）备份和恢复：定期对系统的数据进行备份，以防数据丢失或损坏。

第七章　配电农网架空线路自动化应用

同时，也要确保在数据丢失或损坏的情况下，能够及时有效地进行数据恢复。

（5）安全管理：对系统进行定期的安全检查，发现并解决潜在的安全威胁。这包括对防火墙、入侵检测系统等进行配置和管理，以及对病毒、木马等恶意软件进行防护和清除。

（6）用户支持：为用户提供必要的技术支持和培训，帮助他们更好地使用系统。这包括解答用户的疑问、处理用户的问题以及提供使用系统的指导和建议。

系统维护是一个动态的过程，随着技术的发展和业务需求的变化，系统的维护工作也会随之变化。因此，系统维护需要具有预见性，能够根据未来可能出现的情况做好准备。

随着科技的发展，维护系统也在不断地进步和完善。未来的维护系统可能会更加依赖于人工智能和大数据技术，通过深度学习和数据分析，实现更精准的设备状态监测和故障预测，进一步提高维护效率和效果。同时，随着物联网的发展，更多的设备将被纳入统一的维护系统中，实现设备间的互联互通，进一步提升维护工作的便利性和效率。

维护系统通常指的是一套集成了多种技术的综合平台，它能够实时监控、预测和优化设备、设施或系统的运行状态和性能。这些系统的主要功能包括实时监控、预测性维护、性能优化、故障诊断和维修管理等。通过这些功能，维护系统可以帮助企业和组织提高设备可靠性，减少生产中断时间，优化维护计划，降低维护成本，从而提高整体工作效率和生产力。

维护系统在不同领域的应用实例：

（1）制造业：在制造业中，维护系统可以帮助企业有效地监控和维护生产设备，减少停机时间和生产成本。例如，通过实时监控设备的工作状态，进行设备维护和故障诊断，提高设备的可靠性和运行效率。

（2）能源行业：在能源行业，维护系统可以帮助能源公司优化能源生产和分配，提高能源利用效率，减少能源浪费。例如，通过实时监控发电厂、输电线路、石油开采设施等设备的工作状态，进行设备维护和故障诊断，提高设备的可靠性和运行效率。

（3）物流和运输行业：在物流和运输领域，维护系统有助于追踪和管理运输设备，如卡车、船舶、飞机等。通过设备管理系统，物流公司可以实时监控运输设备的位置、运行状况和货物状态，优化运输路线和调度计划，提高物流效率和准确性。

（4）医疗保健行业：在医疗保健领域，维护系统被广泛应用于管理医疗设备和设施。医疗设备的正常运行对于患者的健康和治疗非常重要。设备管理系统可以监测医疗设备的状态、维修记录和维护计划，提供预警和故障诊断功能，确保设备的可用性和安全性。

（5）建筑和房地产行业：在建筑和房地产领域，维护系统可用于监控和管理建筑物的设备，如电梯、空调系统、安防设备等。通过设备管理系统，建筑公司和物业管理者可以实时监测设备的运行状态和能耗情况，提前发现潜在故障，并采取适当的维护措施。

确保系统的安全性是一项多方面的任务，需要从技术、管理、教育和法律等多个角度进行考虑。以下是一些关键的步骤和方法，需要进行风险评估，确定风险因素和程度，以便采取相应的安全措施。风险评估应该考虑到可能的威胁和系统自身的弱点，以及这些威胁和弱点可能带来的风险。在选择安全技术和产品的过程中，需要考虑其安全性、稳定性、可靠性和兼容性等方面。选择正确的安全技术和产品可以有效防止潜在的攻击和数据泄露。

安全管理是指对计算机信息系统安全保护进行管理和监控的过程。这包括建立安全保护组织和机构，制定安全保护制度和规程，实施安全保护措施，进行安全保护管理和监控。

安全审计是指对计算机信息系统安全保护措施进行检查和审计的过程。

第七章 配电农网架空线路自动化应用

安全审计可以帮助发现安全问题，早期发现问题并进行解决。员工是系统安全的第一道防线，因此，对员工的培训和管理至关重要。这包括安全意识教育、权限管理、制度管理、安全培训和安全审计等方面。

策略体系的制定反映了组织机构对信息系统安全保障及其目标的理解，它的制定和贯彻执行对组织机构信息系统安全保障起着纲领性的指导作用。信息安全策略必须以风险管理为基础，针对可能存在的各种威胁和自身存在的弱点，采取有针对性的防范措施。遵守相关的法律法规和行业标准也是确保系统安全的重要组成部分。这包括数据保护法规、隐私政策、行业安全标准等方面的合规性。确保系统的安全性需要综合运用多种方法和策略，既要注重技术手段，也要加强管理措施，同时还要提升员工的安全意识和技能，以确保全方位的保护。

构建有效的安全管理体系是确保组织内信息系统安全的关键。以下是构建有效安全管理体系的基本步骤和最佳实践：需要对组织内的资产进行风险评估，识别潜在的风险点和脆弱性。这包括对物理、技术和人为因素的评估，以及对现有安全措施的审查。通过风险评估，可以确定哪些领域最需要加强保护，从而优先分配资源。基于风险评估的结果，制定一套完整的安全政策和程序是非常重要的。这些政策和程序应涵盖所有与安全相关的方面，如访问控制、数据加密、网络安全、物理安全等。此外，还应包括应急预案和事故响应计划，以便在发生安全事件时迅速做出反应。

选择合适的安全技术和工具对于保护组织的信息资产至关重要。这可能包括防火墙、入侵检测系统、安全信息和事件管理(SIEM)工具等。这些技术和工具的应用有助于监测、检测和阻止潜在的威胁。员工是安全链中最薄弱的一环，因此对他们的安全培训至关重要。培训应覆盖安全意识、操作规程、应急响应等方面，确保员工理解并能遵循安全政策和程序。建立有效的安全管理体系不是一次性的任务，而是需要持续地监督和评估。

应定期检查安全措施的实施情况，评估其有效性，并根据新的威胁和技术发展进行调整。此外，还应定期进行安全演练，确保在真实情况下能够有效应对。安全管理体系应当是一个动态的、持续改进的系统。随着技术的发展和新威胁的出现，需要不断更新和完善安全措施。这包括对新出现的威胁进行研究，开发新的防御策略，以及定期对安全措施进行评估和调整。构建有效的安全管理体系是一个复杂的过程，需要跨部门的合作和高层管理的支持。通过上述步骤，可以确保组织的信息资产得到充分的保护，同时也为应对未来的挑战打下坚实的基础。

为了确保安全管理体系的持续改进，定期进行定性的评估，收集员工、管理层以及外部利益相关者的反馈。这可以通过问卷调查、访谈、焦点小组讨论等方式进行。了解他们对安全管理体系的有效性和改进方向的看法是非常有价值的。利用数据分析工具对安全事件、违规行为、系统漏洞等进行统计分析。

通过趋势分析，可以识别出潜在的问题区域，并预测可能出现的新威胁。根据评估和分析的结果，制定具体的改进计划。这个计划应该包含明确的行动项、责任人、时间表和预期成果。将改进计划转化为具体的行动，例如加强员工培训、升级安全技术、优化流程和程序等。确保每个行动都有明确的执行步骤和时间表。定期审查和评估改进计划的执行情况，确保所采取的措施能够有效地解决问题。如果某些措施未能达到预期的效果，应及时调整或寻找替代方案。建立持续监控机制，确保改进措施得以持续实施。同时，根据最新的安全威胁和发展，不断优化安全管理体系。持续改进是确保安全管理体系与时俱进的关键，它不仅有助于预防和减轻安全事件的影响，还能提高整个组织的安全意识和文化。

第七章　配电农网架空线路自动化应用

第四节　其他高级拓展应用

高级拓展应用通常指的是在现有系统基础上，通过集成先进的算法和技术，以实现更高层次的功能和效率的应用。这些应用往往涉及人工智能、大数据分析、云计算、物联网等领域，目的是更好地服务于特定行业的需求，提高运营效率，减少成本，增强系统的稳定性和可靠性。

预测性维护系统：预测性维护系统是一个典型的例子，特别是在工业和基础设施领域。这种系统通过收集设备运行的各种数据，结合人工智能技术，预测设备可能出现故障的时间点，从而允许维护团队在问题发生之前进行干预。例如，港口起重机预测性维护系统可以通过整合传感器数据和应用人工智能算法，预测吊具故障、制动器磨损等问题，从而提前进行维护，避免潜在的停机和维修成本。

可扩展性和可维护性：在数据密集型应用中，可扩展性和可维护性是非常重要的考虑因素。良好的架构设计应该能够在不同的规模和环境中灵活部署，同时保持系统的简单性和易用性。例如，SAP EAM 设备维护系统就是一个集成了组织结构设计、基础数据管理、预防计划、故障维修和维护执行等多种功能的系统，它能够在不增加维修费用的情况下，显著降低停机时间，增加生产产量。

高级拓展应用在当代社会拥有着许多的优势：提高效率，通过自动化和智能化，减少了人工操作的需求，提高了工作效率；降低成本，通过预测性维护和优化资源配置，降低了维护成本和运营成本；增强稳定性，通过实时监控和预警机制，减少了意外故障的风险，增强了系统的稳定性。同样地，其也面临着许多的挑战，技术难题，集成先进技术需要解决一系列技术难题，如数据整合、算法优化等；成本投入，初期可能需要较大的技术投入和成本支出，尤其是在硬件和软件方面；人才需求，需要专业的人才来设计和维护这些复杂的系统，这可能需要额外的培训和招聘成本。

高级拓展应用通常指的是在传统的 IT 基础设施之上，利用先进的技术和理念来提升系统性能、安全性、可靠性和用户体验的各种应用程序和服务。这些应用和服务可以是软件工具、平台、框架或者是综合性的解决方案，它们的目标是解决复杂的业务问题，提高运营效率，增强竞争力，下面介绍几种常见的高级拓展应用类型。

（1）自动化威胁检测：利用机器学习和深度学习技术，自动识别和分类网络威胁，提高检测效率和准确性。

（2）智能安全分析：通过人工智能技术，对大量安全数据进行深度分析和挖掘，发现潜在的安全风险和威胁。

（3）自动化安全响应：利用机器学习技术，自动对安全事件进行响应和处理，减轻安全管理员的工作负担。

（4）云计算与边缘计算：利用云计算和边缘计算技术，实现云端和终端设备的协同安全防护，提高整体安全性。

（5）数据安全与隐私保护：确保物联网数据传输和存储的安全性，保护用户的隐私和数据安全。

在实际应用中，这些高级拓展应用可以帮助企业和组织在以下领域取得显著成效。

（1）在金融行业，自动化威胁检测和智能安全分析可以用于实时监控交易活动，防止欺诈和洗钱行为。

（2）在制造业，云计算与边缘计算可以用于实现智能制造，提高生产效率和质量。

（3）在医疗保健领域，视频智能分析可以用于监控医院环境，提高医

第七章　配电农网架空线路自动化应用

疗服务质量。

为了能够确保这些高级拓展应用的持续改进，企业和组织需要不断地进行技术创新、人才培养、政策更新和国际合作。随着技术的进步和社会的发展，这些应用将继续向更加智能化、集成化和个性化的方向发展，以满足不断变化的市场需求。同时，随着新技术的不断涌现，如量子计算、生物识别技术等，未来可能会有更多的高级拓展应用被开发出来，进一步改变我们的工作和生活方式。

高级拓展应用正在改变多个行业的运作方式，它们不仅提高了工作效率，还带来了成本效益和业务增长的新机会。然而，要充分利用这些应用，企业和组织必须克服技术、经济和人力资源上的挑战。随着技术的不断进步，我们可以预见这些应用将在未来发挥更大的作用，推动各行各业向更高效、可持续的方向发展。

高级拓展应用是指那些在原有系统或技术的基础上，通过集成更先进的技术和方法，以实现更深层次的功能和效率的应用。这些应用的目的在于通过智能化、自动化和数据驱动的方式，提高系统的性能、稳定性和可靠性，从而为用户带来更好的体验和服务。

评估和验证高级拓展应用有效性的方法如下。

（1）明确评估目标：首先需要明确评估的目标，即要评估系统的性能、稳定性、用户体验以及其他方面的表现。

（2）选择合适的评估指标：根据评估目标，选择相应的评估指标，如响应时间、吞吐量、错误率、用户满意度等。

（3）实施评估测试：通过模拟实际工作场景，对系统进行压力测试、性能测试和安全测试等，收集相关的性能数据。

（4）数据分析：对收集到的数据进行分析，评估系统的表现是否符合预期，是否存在瓶颈或潜在的问题。

（5）用户反馈：收集用户的反馈信息，了解用户在实际使用中的体验和意见。

（6）持续监控和优化：根据评估结果和用户反馈，对系统进行必要的调整和优化，以确保其长期稳定运行。

在实际案例中，例如在金融领域的资本计量高级方法验证中，会涉及对计量模型开发工作的全面验证，包括验证模型的合理性、关键定义的合规性、数据的真实完整性和风险量化的有效性。此外，在高级验证技术和应用中，也会有一系列的方法和策略来确保验证功能的合理性和有效性。

在进行评估和验证过程中，需要注意以下几点：

（1）确保评估方法的科学性：评估方法应该是客观、公正和科学的，避免主观判断影响评估结果。

（2）注意数据的真实性：收集的数据必须是真实有效的，否则会影响评估结果的准确性。

（3）综合考虑多种因素：评估结果不应只依赖单一指标，而应综合考虑多种因素，如市场需求、技术成熟度、技术创新程度等。

（4）及时更新评估标准：随着技术的发展，评估标准也需要与时俱进，确保评估结果的时效性和适用性。

注意这些可以让我们较为准确地评估和验证高级拓展应用的有效性，为我们能够在实际工作中加以应用提供可靠的支持。

一、AI技术

AI技术在安全分析中的作用日益显著，它可以极大地提高安全分析的速度和准确性。AI可以通过机器学习和深度学习算法来分析大量的安全数据，从而识别出潜在的威胁和异常行为。这种自动化和智能化的分析能力使得AI成为一个强大的工具，用于提高网络安全性。

AI可以通过筛选各种数据类型来产生预测，帮助企业预见网络攻击。

第七章　配电农网架空线路自动化应用

基于其训练，AI 可以自动分析企业的资产和网络拓扑，找出重大弱点，并不断加强其网络防御，防止任何潜在的灾难性攻击。

AI 在识别网络威胁方面，它使用行为分析来持续识别异常流量，这是 AI 的一个显著特征，由机器学习或深度学习实现。这种方法比传统的手动方法更快、更准确，大大提高了威胁检测的效率。

AI 在防御威胁方面可以实时构建新的防御机制或自动开发用于威胁识别的虚拟补丁，从而轻松地实时检测和阻止攻击。这种响应策略可以有效地关闭异常行为，如使用被盗的凭证或在客户账户上进行未经授权的购买。

例如，Cylance 公司利用 AI 算法预测、鉴定、阻止恶意软件，缓解 0Day（零日）攻击造成的破坏。LogRhythm 公司则将 AI 机制应用于威胁情报分析，实现了合规性自动化迅速检测、响应及中和威胁。Darktrace 公司利用行为分析与自动化检测企业中的异常网络安全行为。

随着 AI 技术的不断进步，未来的安全分析将变得更加智能化和自动化。AI 的应用将不仅仅局限于预测、检测和响应，还将扩展到更多的领域，如智能问题发现和预警、根源分析等。同时，企业和组织需要不断地进行技术创新、人才培养、政策更新和国际合作，以确保 AI 技术在安全分析中的持续改进和有效应用。

当前推动 AI 在安全分析中应用的领先科技主要包括以下几个方面。

（1）机器学习：通过训练 AI 模型来识别正常和异常的行为模式，机器学习能够提高威胁检测的准确性和效率。

（2）自然语言处理（NLP）：AI 可以通过 NLP 技术来理解和分析文本数据，比如社交媒体上的言论，从而发现可能的威胁信息。

（3）计算机视觉：AI 可以通过图像识别技术来检测钓鱼网站、恶意软件图标等视觉上的威胁。

（4）异常检测：AI 可以利用异常检测技术来识别网络流量中的异常行

为，如 DDoS 攻击的前兆。

下面通过具体例子说明这些科技如何提升安全分析能力。

（1）机器学习：通过训练 AI 模型，可以提高对未知威胁的检测能力，因为模型能够学习到正常行为的模式，并据此识别出不寻常的活动。

（2）自然语言处理：AI 可以分析社交媒体、论坛和其他在线平台的帖子，寻找可能指向网络攻击的线索。

（3）计算机视觉：AI 可以识别钓鱼网站的 URL（统一资源定位符）图标，帮助用户避免访问这些危险网站。

（4）异常检测：AI 可以监测网络流量的异常模式，如突然增加的流量或非正常的连接尝试，从而提前发现潜在的攻击。

这些科技在未来将进一步融合，形成更为强大和智能的安全分析工具。随着 AI 技术的不断进步，我们可以预见到 AI 在安全分析中的应用会更加广泛和深入。例如，AI 可能会在实时威胁检测、自适应安全策略，以及更精细的风险评估等方面发挥更大的作用。此外，随着 AI 技术的普及，我们也需要注意 AI 本身可能成为攻击目标，因此需要进一步加强 AI 系统的安全性和鲁棒性。

二、其他高级应用在架空线路的具体实践

（1）智能电网技术通过集成先进的通信和控制技术，实现了电力系统的现代化。在架空线路中，智能电网技术可以实现对电力的高效传输和分配，提高供电质量和可靠性。例如，1kV 架空绝缘电缆在智能电网中的应用，可以实现对电网状态的实时监测和管理，从而提高电网的稳定性和效率。

（2）无人机技术的发展为架空线路的巡检提供了新的解决方案。无人机可以搭载高清摄像头和传感器，对架空线路进行高效、准确的巡检。这不仅减少了人力成本，还降低了工作人员的危险性，提高了巡检的频率和覆盖范围。

第七章　配电农网架空线路自动化应用

（3）物联网（IoT）技术在架空线路中的应用，可以通过传感器收集线路的温度、湿度、负载电流等信息，实现对架空线路状态的实时监控。这些数据可以帮助运营商及时发现潜在的问题，如过热、腐蚀等问题，从而及时进行修复，减少停电时间。

这些应用通过提供实时的监控和数据分析，显著提升了架空线路的安全性、效率和可靠性。智能电网技术通过优化电力分配和实时监控，提高了电网的稳定性；无人机巡检减少了人力成本，提高了巡检效率；物联网技术通过实时监控，帮助运营商及时发现和解决问题，减少了因线路故障导致的停电时间。

尽管这些高级应用技术带来了诸多好处，但在架空线路中的应用仍然面临着一系列挑战。

（1）技术难题：柔性直流输电技术在架空线输电场合所面临的关键问题包括直流线路故障难以快速清除，输送容量难以与传统直流输电相媲拟，主接线方式和接地方式选择原则还没有定论等。

（2）环境因素：架空线路的运行状态会受到多种环境因素的影响，如极端气候条件可能导致线路损坏或故障。

（3）人为因素：人为错误和破坏行为仍然是架空线路故障的一个重要原因，特别是在线路维护和操作过程中。

（4）经济成本：虽然高级应用技术可以提高效率，但其部署和维护的成本也是一大挑战，尤其是在资金有限的情况下。

（5）监管政策：不同地区的监管政策和标准可能有所不同，这对统一的技术应用和标准化提出了挑战。

为了应对这些挑战，可以采取以下方法。

（1）技术创新：继续研发新技术来解决现有的技术难题，如提高直流输电技术的故障清除速度和输送容量。

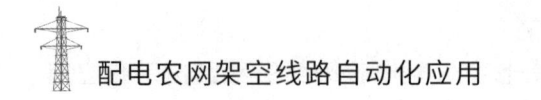

（2）环境适应性：设计和材料选择应考虑到环境因素，以确保架空线路在不同气候条件下都能保持稳定运行。

（3）人员培训：加强对工作人员的培训，提高他们的专业技能和安全意识，减少人为错误和破坏行为。

（4）成本效益分析：在进行技术投资时，应进行全面的经济性分析，以确保项目的可行性和回报率。

（5）政策协调：与政府机构合作，推动制定统一的行业标准和监管政策，促进技术的广泛应用和标准化。

三、具体案例

例如，北京国电富通科技发展有限责任公司开发的系列新型防污闪涂料，有效提升了设备的外绝缘水平，防止了污闪事故的发生，保障了电力设备的稳定运行，近三年实现销售收入1.55亿元，节省投资、减少停电损失等超过20亿元。这表明通过技术创新，可以显著提高电力系统的运行安全和经济效益。

高级应用技术在架空线路中的应用对电力系统的积极影响是多方面的，不仅可以提高供电稳定性，减少运维成本，还可以优化线路设计，提升应急响应能力，增强环境适应性，从而为电力系统的现代化和可持续发展做出重要贡献。

第五节 农村配电农网架空线路自动化系统的设计与实施

一、设计流程

（1）系统需求和设计方案：先确定系统的基本需求，包括智能巡检、远程监测、故障预测与隔离、维护系统等功能。根据实际情况，选择合适的

第七章　配电农网架空线路自动化应用

硬件设备和软件平台，确保系统稳定可靠。设计详细的系统架构和功能模块，确保系统能够满足农村配电网的需求。

（2）系统部署与安装：根据设计方案，进行系统设备的采购和安装工作。合理规划系统各个节点的布局，并确保设备连接正确、通信畅通。进行系统的调试和联调工作，保证各个模块正常运行。

（3）系统运行与效果评估：确保系统正常投入运行，监测系统运行状态，及时处理异常情况。对系统运行中的数据进行分析与评估，验证系统是否达到预期效果。根据实际效果，进行必要的调整和优化，以提高系统的性能和可靠性。

农村配电农网架空线路自动化系统的设计是一个综合性的过程，涉及多个方面的考虑。

首先，需要根据当地的地理、文化、经济、民族等特点，因地制宜地选择合适的设备和解决方案。

其次，设计应在配电网络规划的基础上，根据当地的实际供电条件、供电水平、电网结构和用户性质，选择最合适的方案和设备类型。

最后，对于负荷密度大、线路走廊资源紧张、用户对供电可靠性要求较高的区域，应优先考虑实施自动化。而对于负荷密度较小，但具有发展潜力的区域，则应按自动化目标规划，视条件分步实施。

配电自动化系统的设计与实施是一项复杂的工程，它涉及多个环节和多个参与方。为了提供一个详尽的解答，我们将从以下几个方面进行深入分析：

（1）配电自动化系统是指对配电网中的设备进行实时监控、控制和管理，以提高供电的可靠性、经济性和安全性。这种系统通常包括配电 SCADA（监控与数据采集）、故障处理、分析应用及与其他相关系统的互连功能。

（2）配电自动化系统的设计原则包括了解电网特性、优化网络结构、经济成本控制等。系统架构则通常由主站系统、子站系统和终端设备组成，

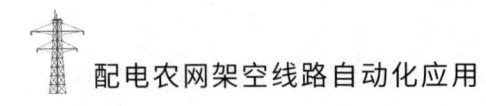

它们通过通信网络连接，实现数据的采集、控制和通信功能。

（3）配电自动化系统需要配置适当的硬件设备，如服务器、终端单元、通信设备等。这些设备必须具备可靠性、可用性、扩展性和安全性。

（4）通信网络是配电自动化系统的重要组成部分，需要选择适合的通信方式，如光纤专网、配电线载波、无线专网等，以确保数据传输的可靠性。

（5）自动化控制逻辑的编写与调试需要基于软件平台，实现对网络的实时监测和控制功能。

二、实施效果与效益

配电自动化能缩短故障停电时间，提高供电可靠性，对配电网结构、配电设备等进行优化，以适应经济社会发展的新需求。

（1）详细步骤。配电自动化规划的基本步骤包括电网性能评估、设计自动化控制系统、自动化系统测试和运行维护等。

（2）案例分析。在实际应用中，例如吉林省实施的配电自动化项目，通过增加线路分段和联络，实现了配电网的实时监控和控制，提高了供电可靠性。

配电自动化系统的设计与实施是一项跨学科、多技术融合的复杂工程。要成功实施这样的系统，需要深入了解电网特性、用户需求，优化配电网络结构，设计有效的自动化方案，建立可靠的通信网络，并进行严格的系统测试和运行维护。通过这些步骤，可以实现配电自动化，提高供电可靠性，促进新农村建设和经济发展。

实施农村配电农网架空线路自动化系统的主要步骤如下。

（1）系统建设：在现有变电站内增加第二馈线，沿用现有的变电站杆（塔）同杆架设，实现网架重构。

（2）设备安装：在不同的馈线之间设置联络开关，以形成环网，实现配网自动化功能。

第七章　配电农网架空线路自动化应用

（3）故障处理：当第一馈线或第二馈线出现故障时，通过分段开关、联络开关及分支开关的相互配合，自动隔离故障区段，保证故障线路区段外上、下游区域的供电，从而极大地提高供电可靠性。

（4）系统优化：根据实际运行情况进行调整和优化，以确保系统的稳定性和可靠性。

以上步骤需要在专业人员的指导下进行，确保安全和效果。同时，还需要定期进行维护和检查，以确保系统的正常运行。

配电自动化系统的设计与实施是一项复杂的工程，其中通信方式的选择是整个系统的关键环节。根据现有的搜索结果，我们可以从以下几个方面来探讨如何选择合适的通信方式来实现配电自动化。

配电自动化系统（DAS）是一种能使配电企业实时监控、协调和操作配电设备的自动化系统，通常包括监控与数据采集（SCADA）、配电地理信息系统（GIS）和网络分析等功能。

其工作原理是通过安装在配电网各处的传感器和终端设备，收集配电网的实时运行数据，并通过通信网络将这些数据发送到控制中心，控制中心根据预设的程序逻辑对这些数据进行分析处理，进而发出控制指令或报警信号，实现对配电网的自动化监控和管理。

配电自动化系统的设计应遵循一系列原则，如了解电网特性、优化网络结构、经济成本控制等。系统架构通常由主站系统、子站系统和终端设备组成，它们通过通信网络连接，实现数据的采集、控制和通信功能。

选择合适的通信方式需要考虑的因素包括通信的可靠性、实时性、双向性、灵活性以及经济性。常见的通信方式有光纤通信、无线通信（如GPRS、4G、5G等）、电力线载波通信等。每种通信方式都有其优缺点，需要根据实际情况和具体需求来选择。

（1）光纤通信：具有高带宽、高安全性和高可靠性的优点，适用于数据传输量大、可靠性要求高的场合。但其建设和维护成本相对较高，适用于城市或发达地区的配电网。

（2）无线通信：具有部署方便、成本较低的优势，尤其适合于地理环境复杂、布线困难的情况。但无线通信可能面临信号覆盖不足、安全性不如有线连接等问题。

（3）电力线载波通信：利用现有电力线路进行数据传输，不需要额外布线，但其传输速率和可靠性可能低于专门的光纤或无线通信系统。

实施配电自动化系统能缩短故障停电时间，提高供电可靠性，对配电网结构、配电设备等进行优化，以适应经济社会发展的需求。选择合适的通信方式来实现配电自动化需要综合考虑技术原则、系统架构、设备配置、通信网络构建和自动化控制逻辑等多个方面。通过这些技术的应用与整合，可以有效提升农村电网的供电可靠性与经济性，为新农村建设提供坚强的电力支持。

在实际的配电自动化建设过程中，还需要结合当地的经济条件、地理环境、电网结构等因素，进行详细的规划设计和技术选型，确保系统的实用性、经济性和可靠性。

智能电网是一种集成了现代信息技术、自动控制技术、通信技术等多种技术的电力系统，它的建设旨在提升电网的自动化水平、优化电网运行、提高能源利用效率、降低环境污染，并适应经济社会发展的需求。下面将从不同角度详细探讨建设智能电网的必要性和意义。

智能电网能够极大提升电网的应用水平，工作人员可以获得系统状态分析、辅助决策等技术支持，使电网自愈变为可能。此外，智能电网还能够促进电力流、信息流、业务流的融合，满足多样化的用户需求，并节省人工成本。智能电网是推动清洁能源开发、输送和消纳的基础，它可以提高对自然灾害和外界干扰的防御能力，并有助于实现经济高效、环保的电网运行。智

第七章 配电农网架空线路自动化应用

能电网的建设推动了相关技术领域的新技术、新设备发展，如物联网、云计算、大数据等。这些技术的应用使得智能电网具有高效、安全、可靠等优势，并为电力行业带来了革命性的变革。智能电网拥有先进的控制技术和储能手段，可以提升对各类电源的接入能力，提高电网的稳定性和可靠性。智能电网被视为未来经济发展的重要基础设施，它的建设将拉动经济增长，提高国家的能源供应保障能力，并对社会经济发展起到战略性的支撑作用。

智能电网是实现国家能源政策、促进产业升级、响应气候变化挑战的重要途径，它的建设有利于实现能源结构的优化和调整。

建设智能电网对于提升电网应用水平、优化能源利用、促进技术创新、提高电力系统安全可靠性、促进经济社会发展以及实现能源政策具有重要的意义。它是电力行业发展的重要趋势，也是应对未来能源、环境挑战的基础工程。

农村配电农网架空线路自动化系统的设计和实施是一个复杂的项目，需要综合考虑多种因素，包括地理、文化、经济、民族等特点，以及当地的供电条件、供电水平、电网结构和用户性质等。通过合理的规划和实施，可以有效提高农村电网的供电可靠性和经济效益。

在设计农村配电农网架空线路自动化系统时，考虑当地的文化、经济、民族特点是非常重要的，因为这些因素直接影响到系统的可行性、接受度和效益。以下是一些具体的考虑方面。

（1）文化特点会影响到当地居民对新技术的接受程度和使用习惯。例如，如果某个地区的居民更倾向于传统的操作方式，那么在设计自动化系统时，可能需要考虑到这一点，使得系统更加符合他们的使用习惯。此外，文化也会影响颜色的选择、图标的设计等方面，因此在设计界面和交互元素时，也需要考虑到当地文化的审美和偏好。

（2）经济特点会影响到项目的预算和成本效益分析。例如，如果一个

配电农网架空线路自动化应用

地区经济发展水平较低，那么在设计自动化系统时，可能需要更多地考虑成本效益，选择性价比更高的设备和解决方案。同时，也需要考虑到当地的经济结构和发展潜力，以便于预测未来的电力需求和投资回报。

（3）民族特点可能会影响到设备的选型和布局。例如，某些民族地区可能会有特殊的建筑风格或者生活习惯，这就需要在设计自动化系统时，考虑到这些因素，避免对当地的生活造成干扰。此外，民族语言的使用也是一个需要考虑的问题，因为在培训当地人员使用自动化系统时，如果使用的是他们不熟悉的语言，可能会导致使用困难。

在实际设计过程中，可以通过以下几个步骤来实现这些考虑。

（1）调研阶段：深入了解当地的文化、经济、民族特点，收集相关的信息和数据。

（2）设计阶段：结合收集的信息，设计出符合当地特点的自动化系统。

（3）实施阶段：在实施过程中，注意与当地居民的沟通和协调，确保项目的顺利进行。

（4）评估阶段：在项目完成后，对项目的效果进行评估，看是否达到了预期的目标。

考虑当地的文化、经济、民族特点是为了更好地适应当地的需求，提高项目的成功率。在设计农村配电农网架空线路自动化系统时，需要充分考虑到这些因素，以确保系统的可行性和有效性。

在设计自动化系统时，融入当地文化元素可以帮助提高系统的接受度，同时也能为系统带来独特的视觉和文化体验。以下是一些具体的方法。

（1）首先需要深入研究和理解当地的文化背景，包括历史、宗教、习俗、艺术、语言等方面的知识。这一步骤对于确定如何有效地将文化元素融入自动化系统中至关重要。

（2）在设计自动化系统的界面、图标、颜色方案等时，可以考虑融入

第七章　配电农网架空线路自动化应用

当地的文化元素。例如，可以使用当地特色的图案、符号或者颜色作为设计元素，以此来提升用户的认同感和亲切感。为了提高用户体验，用户界面应该考虑到当地语言的特点，并进行适当的本地化。这意味着需要将系统的文本、提示等信息翻译成当地语言，并考虑到当地用户的阅读习惯和表达方式。

（3）在设计过程中，可以邀请当地艺术家、工匠或者社区居民参与到设计讨论中来，这样不仅可以获取他们对文化元素的建议，还可以让设计更贴近当地人的生活实际。设计完成后，需要持续跟踪系统的使用情况，收集用户反馈，并根据这些信息对系统进行必要的调整和优化，以确保文化元素的有效融合。

融入当地文化元素不仅能够提升自动化系统的用户体验，还能帮助系统更好地适应和服务于当地社区。在设计过程中，需要综合考虑文化、经济、民族等多个因素，以确保系统的广泛接受和有效运行。

配电农网架空线路自动化应用

第八章
配电农网架空线路自动化的运维

第一节　架空线路自动化的具体运维措施

配电农网架空线路自动化运维措施包括实时监测、自动化巡检、故障定位与隔离、预防性维护、数据记录与分析、远程控制与管理，以及人员培训与技能提升，这些措施齐头并进促进了线路安全稳定运行。

本章将会着重介绍说明智能开关运维与故障指示器运维的相关内容。后续也会简单讲述一下其他的运维措施。

一、智能开关运维

在配电农网架空线路的自动化运维领域，智能开关技术的应用已成为提升电网运营性能和推动电网现代化发展的关键因素。智能开关不仅具备基本的开关功能，还整合了尖端的监控、控制和通信技术，能够实时监测电网的运行状态并实现远程控制，从而显著增强了电网的可靠性、灵活性和运营效能。以下将详细分析智能开关在配电农网架空线路自动化运维中的关键应用和功能特性。

第一，智能开关通过实现故障处理的自动化，显著提高了配电农网架空线路的故障处理效率。在复杂的配电农网架空线路环境中，传统的故障检测与隔离方法效率有限，无法满足现代化运维的需求。智能开关通过先进的传感器和高级逻辑算法，能够在发生故障时自动识别故障点，迅速隔离问题区域，从而最小化停电范围和影响，并加速故障恢复流程。这种自动化的故障

第八章　配电农网架空线路自动化的运维

管理机制极大地提升了电网的稳定性和用户满意度。

第二，智能开关通过与配电自动化系统(DAS)的整合，能够将线路的运行状态实时传输到控制中心，使运维人员能够远程监控线路状况并进行必要的控制操作。这样不仅提高了运维工作的效率和准确性，还减少了现场干预的需要，降低了运维成本。

第三，随着可再生能源的广泛部署，电网的能源管理变得愈加关键。智能开关通过能量路由功能，优化电能在不同配电网络间的分配，提升能源使用效率，并确保电网能够适应分布式能源的接入。此外，智能开关还能够通过数据分析，为运营商提供深入的能源使用洞察，辅助运营商进行能源管理和优化。

第四，智能开关能够通过记录和分析线路运行数据，为运营商提供深入的数据洞察，辅助故障诊断、预防性维护及电网规划。这些数据资产对于运营商制定科学决策、提升电网运营表现至关重要。智能开关的数据分析功能还可以帮助运营商预测潜在的故障，实现电网的主动式维护。

第五，同样不可小觑的是智能开关的自愈能力。在故障发生时，具备自愈功能的智能开关能够自动切断故障电路，并重新配置电网，迅速恢复受影响区域的供电。这种自愈机制大幅缩短了用户停电时间，提升了电网的恢复能力，保障了用户的电力供应。

第六，随着分布式能源的大规模整合，电网的稳定性面临新的挑战。智能开关通过优化可再生能源的接入管理，确保电网在面对分布式能源接入时能够稳定可靠地运作。智能开关还能通过优化能源流动，提高分布式能源的利用率，支持可再生能源的大规模并网。

第七，智能开关在配电农网架空线路的自动化运维中发挥了不可替代的作用。通过故障处理自动化、远程操作与监控、能量管理优化、数据驱动决策支持、自愈能力以及可再生能源接入管理等功能，智能开关为提升农网运营性能、确保电力供应的可靠性与高效性提供了强大的技术保障。随着技术的不断进步和智能化水平的提高，智能开关将在未来配电农网架空线路的自动化运维中发挥更为核心的作用，推动电网向更加智能化、高效化和可持续化的方向发展。

二、故障指示器运维

（一）故障指示器运维的地位与作用

在配电农网架空线路的运维管理中，故障指示器的运维工作扮演着核心角色，确保了电网的稳定运行和电力供应的可靠性。故障指示器具备迅速而准确地识别出故障的位置的能力，这种能力极大地缩短了故障排查的时间和难度。因此，当架空线路出现故障时，故障指示器对于及时恢复供电、减少农业生产和农村居民生活的影响至关重要。通过减少停电时间和范围，故障指示器有助于维护农村地区的正常运作，并减少农业生产活动的中断。

除此之外，故障指示器的运维工作通过采用先进的自动化监控系统，使得运维人员能够远程监控故障指示器的状态，并能快速响应故障事件，从而显著提升了线路运维的整体效率。这种远程监控和即时响应机制减少了人工巡检的需求，降低了运维成本，并提高了工作效率。自动化运维系统还能提供实时数据和分析，帮助运维人员做出更加明智的决策，进一步提升电网的运行效率和稳定性。

故障指示器的运维工作还通过其即时反馈功能，有助于缩小由故障引起的停电范围和停电时间，确保农业生产和农村居民用电需求得到满足。这对于维持农村地区的正常运作和农业生产活动至关重要。通过快速定位和修复故障，故障指示器有助于减少停电对农村社区和农业活动的不利影响，保障了农村地区的正常运作。

其收集的数据可用于深入分析故障模式和趋势，辅助运维人员优化运维策略，实施预防性维护，从而降低潜在故障的风险。这种基于数据的决策支

第八章　配电农网架空线路自动化的运维

持有助于提前发现潜在问题，减少意外停电，并提高电网的整体稳定性。

故障指示器结合自动化运维管理，有助于提升配电农网的整体可靠性和稳定性，确保电力供应的持续性和安全性。这对于支持农业和农村地区的社会经济发展具有不可替代的作用。故障指示器的运维管理对于保障供电的可靠性至关重要，为农业生产和农村生活提供了稳定的电力支持。

通过快速故障定位和响应，能够减少不必要的巡检和维修工作，从而降低总体的运营成本。这不仅提升了电力公司的经济效益，也为社会带来了经济效益的提升。故障指示器的运维管理有助于实现电力公司的经济效益最大化，同时也为农业生产和农村居民生活提供了经济效益保障。

作为智能配电网的关键组件，故障指示器的运维管理对于推动电网向智能化和自动化方向发展具有积极影响。智能配电网利用先进的信息技术和自动化技术来提高电网的运行效率、可靠性和安全性。故障指示器的运维管理是实现这一目标的重要一环。通过实时监测和数据分析，故障指示器有助于实现电网的数字化管理、智能化监控和运营优化。

故障指示器运维在配电农网架空线路的自动化运维中扮演着至关重要的角色。通过高效的故障诊断、提升运维效率、减少停电影响、数据分析辅助决策、供电可靠性保障、经济效益优化以及电网智能化发展促进等方面的作用，故障指示器运维对于确保配电农网的稳定运行和电力供应的可靠性具有不可或缺的价值。

（二）故障指示器的维护管理

在配电农网架空线路的运行维护工作中，故障指示器的维护管理至关重要，其对于电网系统的稳定运行和电力供应的可靠性起着决定性的作用。下面将详细介绍故障指示器在运维实践中的专业维护措施。

（1）设备部署与配置优化：在配电农网架空线路的建设阶段，需要精心规划和部署故障指示器，确保其能够有效地覆盖整个线路，并具备足够的监测能力。在安装故障指示器时,应严格按照制造商提供的指导手册进行操作,并进行必要的系统配置和性能测试,以确保其能够准确无误地监测并指示线路的异常情况。

(2)例行监控与性能保障:运维团队需要建立一套完善的监控机制,定期对故障指示器的运行状态进行检查和评估。这包括监控其电源状态、数据传输效率、信号准确性等方面,以确保故障指示器始终处于最佳工作状态。一旦发现任何功能异常或性能下降的迹象,应立即进行维护和修复,必要时进行设备更换或性能升级,以保障其持续稳定运行。

(3)故障诊断与即时修复:在配电农网架空线路出现故障时,故障指示器将立即启动报警机制,向运维人员发送警报信号。运维人员需要迅速响应,根据故障指示器的报警信息快速定位故障点,并进行必要的维护和修复工作。通过及时、准确地处理故障,可以最大限度地减少对电网运行的影响,保障电力供应的连续性和稳定性。

(4)数据洞察与维护策略调整:故障指示器收集的数据对于运维人员来说是一笔宝贵的财富。通过对这些数据进行深入分析和挖掘,可以发现线路故障的规律和趋势,为运维决策提供科学依据。根据数据分析的结果,运维人员可以及时调整维护策略,实现预防性维护和主动性故障管理,提高运维效率和线路可靠性。

(5)技术与设备的迭代更新:随着科技的不断进步和创新,新型故障指示器可能具备更高级的功能和更出色的性能。因此,运维人员需要定期评估当前设备的性能和适用性,并考虑升级到新技术平台。通过迭代更新设备和技术,可以提升整体的运维水平和系统可靠性,更好地适应电网系统的发展需求。

(6)系统整合与信息共享:故障指示器系统与其他自动化系统的整合对于实现高效、快速的故障响应至关重要。运维人员应确保故障指示器系统

第八章　配电农网架空线路自动化的运维

能够与其他系统[如 SCADA（监控与数据采集）系统]实现无缝集成，实现数据的即时共享和快速响应机制。这有助于提高运维效率，缩短故障处理时间，保障电力供应的可靠性。

（7）专业培训与能力提升：为了确保运维人员能够正确地操作和维护故障指示器，定期进行专业培训和教育是必不可少的。通过培训，运维人员可以深入了解故障指示器的原理、操作方法和维护技巧，提高他们的专业技能水平。这将有助于提升运维人员的整体素质和能力，更好地应对各种运维挑战。

（8）安全规程与合规性监控：在运维过程中，严格遵守安全操作规程和行业标准是保障人员安全和设备正常运行的基础。运维人员应时刻保持警惕，遵守相关安全规定，确保所有活动符合法规要求。此外，还需要定期对安全规程进行审查和更新，以适应不断变化的运维环境和要求。

通过实施上述专业的维护措施，可以将故障指示器在配电农网架空线路运行维护中的效能最大化，确保电网系统的可靠性和稳定性。这有助于提升配电农网的整体运行水平，为农业生产和农村居民生活提供稳定、可靠的电力服务。

三、日常巡检与维护

（一）巡视检查

在维护配电农网架空线路的日常运营中，例行巡检是一个不可或缺的要素。它是确保电力系统持续稳定运行、预防潜在风险，并保障供电效率与安全的关键所在。但进行正确的巡视检查还是较为复杂的，以下将列出所需步骤。

（1）线路视觉检查。执行预定的线路检查路线，全面审查架空线路的整体状况，包括线路路径、支撑塔结构布局等。识别线路存在的明显损伤或异常，例如导线断裂、连接不良、弧垂异常等，并详细记录。要特别关注塔杆、绝缘子和连接部件的状况，确保无损伤或异常情况出现。

（2）设备功能性检查。对线路上的所有设备进行深入检查，包括变压器、配电箱、断路器、保护系统等。验证设备运行状态良好，无异常噪声或过热现象，并进行专业测试以验证其性能标准。测试设备的工作性能，如断路器的遥控功能、保护系统的响应准确性等，确保正常运作。

（3）绝缘子维护。细致检查绝缘子是否存在裂纹、放电痕迹或损伤，这些情况都可能影响绝缘效能。定期进行绝缘子清洁，清除表面污垢和杂物，维持其清洁状态，以优化绝缘效果。

（4）接地系统检验。检查接地系统的连接是否坚固，接地电阻是否符合安全规定。评估接地线的情况，检查是否存在锈蚀、断裂等问题，及时进行维护和更换，确保接地系统的完整性和可靠性。

（5）塔杆与拉线评估。观察塔杆基础的稳固性，评估塔杆是否存在锈蚀、变形等结构问题。检查拉线的紧固度，评估是否存在断股或松弛情况，及时进行调整和固定，确保塔杆的稳定性和安全性。

（6）线路通道维护。定期清理线路通道内的障碍物，如树木、广告牌等，确保足够的空气间隙和操作空间。防止树枝等物体触及导线，导致短路或接地故障，确保线路的连续性和安全运行。

（7）鸟害防范措施。检查线路设备上是否有鸟巢或其他鸟类活动迹象，这些情况可能导致设备损坏或功能故障。实施必要的鸟害防控措施，如安装鸟刺、使用超声波驱鸟器等，保护设备不受鸟类影响。

（8）标识牌维护。评估线路标识牌的清晰度和正确性，包括警示标志、指示标志等，确保信息的有效传达。对于有磨损或字迹不清晰的标识牌进行及时更换，保障标识的可读性和指导性。

（9）温度和湿度监控。利用红外热像仪或其他温度监测仪器，监测线路和设备的温度分布，及时发现潜在的热点问题。在潮湿或高温环境下，特

第八章 配电农网架空线路自动化的运维

别关注设备的潮湿和散热状况,防止设备过热或潮湿引发的故障。

(10)记录与报告系统。确保巡检结果得到准确记录,包括发现的问题、采取的措施以及需要注意的事项。对于检测到的任何问题或潜在风险,及时向管理层报告,并采取相应措施,确保问题得到及时解决。

(11)定期汇总巡检数据,进行分析,识别潜在的故障模式,优化巡检流程和维护计划,提升运维效率。

在日常巡检过程中,除却需要遵循以上步骤,还需要巡检人员具备专业的技能和严谨的工作态度,同时需要配备适当的工具和检测设备。通过严格执行日常巡检流程,可以大幅减少电力故障的发生,保障农网架空线路的稳定运行,为农业生产和农村社区提供可靠的电力服务。

(二)清洁与消灭隐患

在配电农网架空线路的运维工作中,存在各种隐患与风险,若不及时处理,将会造成极大的经济社会的负面影响,因此实施清洁和隐患消除程序是确保电网安全、可靠运行的关键组成部分。以下内容将深入阐述这一流程的各个关键环节。

1.清洁流程

(1)绝缘子净化:安排定期维护,采用专用绝缘子清洗工具或令无人机配备自动化清洁装置,对架空线路中的绝缘子进行专业清洗。

清除绝缘子表面的污垢、盐沉积、杂物等污染物,这些物质会降低绝缘性能,增加线路跳闸风险。

执行清洗操作时,需严格遵守安全操作程序,防止因清洗方法不当造成设备损坏或人员伤害。

(2)杆塔与导线净化:执行杆塔和导线的定期检查,清理可能引起短路或线路故障的异物,如塑料袋、风筝线等。

利用软刷或高压空气吹除杆塔和导线上的灰尘和杂物,确保线路干净、无障碍物。

针对难以触及的区域，考虑采用专业攀爬人员或清洁机器人来完成清洗任务。

（3）设备室净化：对配电设备室进行周期性清扫，涵盖断路器、变压器等关键电力设备。

清洁设备表面和散热系统，确保散热器无阻塞，设备能在适宜的温度下正常运行。

检查并清洁设备内部电路板和连接点，防止灰尘导致接触不良或过热问题。

2.隐患消除流程

（1）隐患识别：采用定期巡视和先进的在线监测技术，对架空线路进行全面的安全隐患检查。

使用红外成像技术，对导线连接处和电力设备进行温度检测，预防潜在的热故障。

检查杆塔基础、拉线、绝缘子等关键组件的完整性和绝缘水平，防止结构故障或绝缘不足。

（2）隐患处理：对识别出的问题进行即时修复，如更换损坏的绝缘子、紧固松动的螺栓、修复导线连接缺陷等。

对于无法立即解决的问题，设置明显警示标志，并规划后续维护工作流程，确保问题得到及时、有效的解决。

面对重大隐患，立即切断电源，采取紧急措施，以避免任何可能的安全事故。

（3）防洪防汛措施：检查架空线路周边的排水系统，确保在雨季能够有效排水，避免因积水导致的电力故障。

对处于河流、山坡等自然灾害风险较高地区的线路进行重点监测，制定

第八章　配电农网架空线路自动化的运维

应急预案，储备必要的防汛物资，如沙袋、排水泵等。

（4）防火措施：定期检查线路附近树木和植被，保持必要的安全距离，及时修剪可能触及导线的树枝。

对电力线路设备进行周期性消防检查，确保灭火器、消防沙箱等消防设备处于可用状态。

清理线路走廊，去除易燃物，以降低火灾危险。

（5）隐患记录与报告：精确记录每次清洁和隐患排查的结果，包括隐患性质、位置、处理措施和后续跟进计划。

采用电子管理系统或维护传统的记录档案，确保记录更新及时，便于管理人员监督和评估运维效果。

及时向相关管理部门报告隐患排查结果，确保信息流通畅通，并根据规定采取必要措施。

通过这一系列结构化的清洁和隐患消除措施，可以显著提升配电农网架空线路的安全运行水平，降低故障发生的概率，保障电力供应的连续性和可靠性。

四、其他运维措施

（一）路由管理系统运维

配电农网架空线路自动化的路由管理系统运维是电力行业中一项关键的技术工作，它涉及对电网自动化系统的持续监控、维护、优化和改进，以保障电网的安全稳定运行。

路由管理系统是配电农网自动化系统的重要组成部分，它利用现代信息技术，如物联网（IoT）、大数据分析、云计算等，实现对配电农网架空线路的实时监控、数据收集、故障诊断和运行优化。通过部署在电网中的传感器、智能终端和通信网络，路由管理系统可以收集各种运行数据，包括电压、电流、温度、负载状况、线路状态等，并通过后台数据分析中心对这些数据

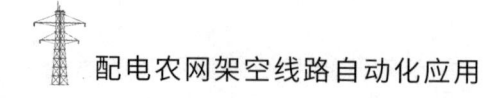

进行分析和处理,以实现对电网运行状况的全面掌控。

(二)运维关键点

(1)系统监控:运维人员需要持续监控系统的运行状态,包括数据传输的实时性、系统的稳定性和可用性等。监控可以帮助及时发现潜在的问题,防止小问题变成大故障。

(2)数据处理与分析:系统收集的大量数据需要通过高级的数据分析工具进行处理和分析,以提取有用的信息和洞察。这有助于运维人员更好地理解电网的运行状况,识别潜在的问题和趋势,并制定相应的优化措施。

(3)故障诊断与处理:当系统检测到故障时,运维人员需要迅速响应,利用系统的故障诊断功能定位故障点,并根据故障类型采取相应的处理措施。这可能包括远程控制断路器、重设参数、调整路由等操作。

(4)路由优化:根据电网的实时状态和负载需求,路由管理系统可以自动调整线路的输电路由,以优化电力分配,提高电网的整体运行效率。这有助于减少能源浪费和提高供电可靠性。

(5)安全与隐私保护:运维人员需要确保系统的安全性,防止未授权访问和网络攻击。同时,还需要保护用户的隐私和数据安全,确保敏感信息不被泄露。

(三)运维流程

(1)日常监控:运维人员需要定期检查系统的运行状况,确保数据的准确性和完整性。他们还需要处理系统发出的警报和通知,及时解决潜在的问题。

(2)数据分析:通过对收集到的数据进行深入分析,运维人员可以识别电网运行中的问题和趋势。他们可以使用数据分析工具来挖掘数据中的价值,为决策提供支持。

(3)故障响应:在系统检测到故障时,运维人员需要迅速响应,进行

第八章　配电农网架空线路自动化的运维

故障定位和处理。他们可以使用远程控制功能来快速解决问题，减少停电时间和影响。

（4）系统维护：为了确保系统的稳定运行，运维人员需要定期对系统进行维护和更新。这可能包括软件更新、硬件更换、数据备份和恢复等操作。

（5）培训与知识更新：运维人员需要不断学习和更新自己的知识，以跟上技术的发展。他们可以通过参加培训课程、阅读相关资料和交流等方式来提升自己的专业水平。

五、挑战与对策

（1）技术更新：随着技术的不断发展，运维人员需要关注最新的技术趋势，并及时更新系统。他们可以通过参加技术研讨会、阅读专业文献和与同行交流等方式来获取最新的信息。

（2）数据质量：确保数据的准确性和完整性对于路由管理系统的运行至关重要。运维人员需要定期检查数据的质量，并对异常数据进行处理。他们还可以采用数据校验和清洗技术来提高数据的可靠性。

（3）安全防护：加强系统的安全防护措施是防止网络攻击和数据泄露的关键。运维人员需要配置防火墙、入侵检测系统和加密技术来保护系统的安全。同时，他们还需要制定安全策略和操作规程，确保用户和数据的安全。

（4）人员培训：定期对运维人员进行培训是提升其专业水平的重要途径。培训可以包括理论课程、实践操作和案例分析等内容。通过培训，运维人员可以掌握最新的技术和操作方法，提高工作效率和质量。

综上所述，配电农网架空线路自动化的路由管理系统运维是一项复杂而重要的任务。它需要专业的运维团队、先进的技术支持和持续的学习与改进。通过有效的运维管理，可以保障电网的安全稳定运行，提高电力供应的可靠性和效率。

配电农网架空线路自动化应用

第二节 架空线路自动化运维管理与优化

一、运维策略与规划

在配电农网架空线路自动化运维策略与规划方面，需要制定一系列严谨的方案和措施，以确保农村地区的电力供应既稳定又高效。以下是对配电农网架空线路自动化运维策略与规划的详尽阐述。

（一）运维策略

（1）实时监控与预警机制：需采用先进的传感器技术，对架空线路的各项指标进行实时监控，包括但不限于温度、湿度、电流和电压等。通过运用先进的数据分析技术，可以预测潜在风险并及时发出预警，以便运维团队能够迅速采取应对措施。

（2）故障定位与隔离策略：在出现线路故障时，自动化系统应能立即定位故障点，并通过远程控制技术迅速隔离故障区域，以防止故障范围扩大。

（3）远程控制与自愈能力：应利用远程控制系统，允许运维人员在任意地点对架空线路进行监控和操作，无论是开关控制、参数设置还是故障恢复，都能实现快速响应。

（4）预防性维护与定期检修：基于历史运维数据和设备状态监测信息，应制定科学的预防性维护计划，定期对线路进行检查和保养，以减少潜在故障的发生，延长设备使用寿命。

（5）资源配置与效率提升：通过自动化技术可以优化资源配置，合理安排人力和物力资源，以提高整体的运维效率，降低运营成本。

（二）规划考量

（1）需求评估：需深入分析农村地区的电力需求特性及其发展趋势，

第八章　配电农网架空线路自动化的运维

明确自动化建设的目标和优先顺序。

（2）技术选择：根据具体需求和现场环境，选择适当的技术和设备。在通信网络方面，需权衡有线和无线技术的优缺点；在自动化控制设备方面，则需考虑兼容性和可靠性。

（3）系统集成：在规划阶段，需确保所有系统和设备之间的无缝集成，包括数据格式、通信协议和接口标准的统一。

（4）安全与隐私保护：严格遵守电力安全规范和隐私保护法规，并对参与运维的人员进行安全教育和培训。

（5）培训与技术支持：提供必要的培训和技术支持给运维团队，确保他们能够高效地操作自动化系统。同时，建立一个高效的技术支持体系，以解决潜在的技术难题。

（6）可持续性与环境保护：注重环境保护和可持续发展，采用节能减排的技术和材料，并在设备报废处理时遵循环保规定。

（三）实施流程

（1）现状评估：对现有配电农网架空线路进行全面的评估，包括设备的运行状况、老化程度和历史故障记录等。

（2）制定自动化方案：根据评估结果，制定详细的自动化建设方案，明确目标、技术路径、实施步骤和预期成效。

（3）阶段性实施：先在小范围内进行试点，验证方案的有效性，随后逐步扩展到整个配电农网。

（4）持续改进：在系统运行期间，持续收集运维数据和用户反馈，对系统进行调整和优化，不断提升自动化水平和客户满意度。

综上所述，配电农网架空线路的自动化运维策略与规划是一个综合性很强的工程。需要根据具体情况制定周密的策略和规划，并通过不断的努力和改进，确保农村电网的高效、稳定和安全运行。

配电农网架空线路自动化应用

在实施配电农网架空线路自动化运维策略与规划的过程中,应遵循以下具体步骤。

(1)进行需求分析:首先,对农村地区的电力需求进行深入研究和分析,明确电网发展方向和用户需求。

(2)进行现状评估:对现有的配电农网架空线路进行全面细致的评估,涉及线路物理状况、设备性能指标、现有监测及控制系统等多个层面。

(3)制定自动化方案:依据需求分析和现状评估的结果,设计详尽的自动化建设方案,涵盖目标设定、技术选择、实施计划和效果预期等内容。

(4)技术选型与采购:按照自动化方案的需求,谨慎选择合适的技术和设备,并进行采购。包括选择合适的传感器、通信设备、自动化控制器以及远程访问软件等。

(5)系统集成与安装:将选定的设备进行集成,确保各系统组件能够协同运作。随后,在配电农网架空线路的关键位置安装设备,并进行调试。

(6)系统测试与优化:在安装完成后,对系统进行综合测试,验证自动化系统的功能性能是否满足设计要求。根据测试结果进行必要的系统调整和优化。

(7)提供培训与技术支持:组织运维人员进行专业培训,确保他们能够熟练操作自动化系统。同时,建立完善的技术支持体系,确保系统运行中遇到的问题能够得到及时解决。

(8)试运行与评估:在完成培训和技术支持后,进行系统的试运行。在此期间,持续收集数据和用户反馈,对自动化系统的实际表现进行全面评估。

(9)正式运行与持续改进:试运行成功后,自动化系统正式投入运营。运维团队应持续监控系统运行状况,根据实际运行数据进行必要的调整和改进。

第八章 配电农网架空线路自动化的运维

（10）维护与升级：定期对设备进行维护保养，对系统进行升级更新，以确保自动化系统的稳定性和适应性，同时也要考虑未来技术进步和用户需求的变化趋势。

通过以上步骤的严格执行，可以构建一个高效、可靠的配电农网架空线路自动化运维体系，显著提升农村电网的运营质量和电力供应稳定性。

二、运维数据管理与分析

配电农网架空线路自动化运维数据管理与分析是一个高度专业化且精细化的过程，涵盖了从数据采集到决策支持的多个环节。具体而言，其主要涉及以下几个方面。

（1）数据采集：作为数据管理与分析的首要步骤，数据采集依赖于各类传感器的实时监测功能。这些传感器广泛布置于架空线路的关键区域，负责监测线路的各项运行参数，并将数据传输至集中的数据中心。

（2）数据存储：为确保数据的可用性和完整性，必须采用适当的数据存储策略。这可能涉及关系型数据库、非关系型数据库或数据仓库的使用，具体取决于数据的性质和分析需求。

（3）数据预处理：在数据分析之前，对原始数据进行预处理是至关重要的。这一步骤包括数据清洗、去噪和格式化，以确保数据的准确性和一致性。

（4）数据分析：通过对清洗后数据的深入分析，可以揭示线路的潜在问题，预测未来可能出现的故障，从而为及时的维护和修复工作提供有力支持。

（5）数据可视化：为了便于运维人员理解和解读分析结果，数据可视化技术将复杂的数据以直观的图表形式展现，如折线图、柱状图和饼图等。

（6）数据管理：为确保数据管理的有效性和安全性，需采取一系列措施，包括数据质量管理、安全管理及备份恢复策略。数据质量管理旨在维护数据的准确性和可信度，而数据安全管理则确保数据免受未授权访问或损坏。此

配电农网架空线路自动化应用

外,定期备份和灾难恢复规划有助于防范数据丢失的风险。

(7)决策支持:通过对历史和实时数据的综合分析,可以为运维决策提供有力支持。例如,基于数据的趋势分析和模式识别,可以预测线路的长期运行趋势,为运维计划的制定提供科学依据。

综上所述,配电农网架空线路自动化运维数据管理与分析是实现配电农网高效、安全运行的关键所在。通过精确的数据采集、有效的数据存储、严格的数据预处理、深入的数据分析、直观的数据可视化、周密的数据管理以及科学的决策支持,我们可以显著提升配电农网的运维水平和性能表现。

在配电农网架空线路的自动化运维中,数据管理与分析面临着一系列复杂的挑战。

(1)数据量的快速增长给存储和处理带来了压力。随着监测设备的普及,每时每刻都有大量的运行数据产生,如何有效管理和分析这些数据成了一个严峻的考验。

(2)数据质量的保证也是数据管理的核心问题之一。由于传感器故障、环境干扰等原因,收集到的数据可能包含错误或失真的信息。为了确保数据的准确性和可靠性,必须建立严格的数据质量控制机制。

(3)架空线路的运行状态受多种因素影响,构建能够准确反映这些因素的分析模型具有很高的复杂性。实现实时数据分析,并迅速做出反应,对于保障线路安全稳定运行至关重要。

(4)随着数据量的增加,数据安全和隐私保护问题日益突出。建立健全的数据安全防护体系,防止数据泄露和未经授权的访问,是数据管理工作不可忽视的一部分。

(5)不可忽视的是,当前行业面临技术和人才短缺的问题。尽管自动化运维技术和数据分析方法持续进步,但实际应用中仍需克服人才和技术储备不足的难题。培养具备专业技能的人才对于推动该领域的发展至关重要。

第八章 配电农网架空线路自动化的运维

（6）成本效益的平衡是实现可持续运营的关键。在保证运维质量的同时，必须合理控制成本，实现经济效益的最大化。这需要不断优化数据管理流程和分析方法，提高资源利用效率。

综上所述，配电农网架空线路的自动化运维数据管理与分析面临着多方面的挑战。通过克服这些挑战，工程人员可以进一步提高农网的安全稳定运行水平，并为电力行业的持续创新和发展做出贡献。

三、运维团队建设与培训

（一）人员配备与培训需求分析

（1）在构建与培训配电农网架空线路自动化运维人员团队方面，必须遵循一套严格的专业标准和流程。选拔过程中，不仅关注候选人的学术背景，例如是否拥有电力工程、自动化控制或相关专业的学位，还要评估其身体条件和对高压环境的适应能力。此外，团队结构的设计要充分考虑每个成员的角色定位和职责划分，确保从技术专家到项目经理，再到现场操作人员的每个岗位都有清晰的工作描述和协作机制，以实现团队的高效运作。

（2）在技能互补性上，团队成员应具备多样化的技能集，既有深厚的理论基础，又有丰富的实践经验。新员工与经验丰富的员工作适当搭配，有助于知识与经验的传承。此外，团队文化与氛围的建设也是不可或缺的一环。需要营造一种积极向上的文化，鼓励创新思维和团队合作，同时强化安全意识，确保每位成员都能在安全的环境下开展工作。

（3）培训体系构建方面，应制定一套完整的培训规划，旨在覆盖从初级入职到高级进阶的所有阶段。这些培训不仅包含理论知识，还强调实际操作能力的培养，通过模拟实训、现场指导等方式，使团队成员能够在实际工作中熟练运用所学知识。此外，定期的案例分析和经验分享会帮助团队不断总结经验，提升问题解决能力。

（4）应特别强调安全教育的重要性，通过定期的安全培训和紧急情况演练，提高团队成员对潜在风险的认识和应急处理能力。同时，应鼓励团队持续学习和自我提升，支持他们参加专业认证和继续教育课程，以促进个人职业成长。

（5）建立持续改进机制，鼓励团队成员提出建设性反馈，并根据工作实践不断优化培训内容和方法。通过这一系列综合性的措施，可以确保运维团队始终保持高度的专业素养和技术水平，为电网的可靠运行提供坚实的保障。

（二）加强人员培训

在工程学领域，配电农网架空线路自动化运维人员的技能培养是确保电力系统稳定性和效率的关键环节。这一过程涉及多个层面的专业知识和技能，具体包括但不限于以下方面。

（1）电力系统与自动化基础：运维人员需具备扎实的电力系统基础知识，包括电力传输、分配原理，以及自动化系统的构成和工作机制，从而能够在理论层面分析和解决电网运行中的问题。

（2）设备操作与维护：熟练操作和维护架空线路及其附属设备，如变压器、断路器、隔离开关等，确保设备的正常运行和长期稳定性。

（3）数据分析与应用：利用先进的监控系统和数据分析工具，对电网的实时数据进行捕捉和解读，以实现故障预测、负荷管理和能效优化。

（4）故障诊断与处理：快速准确地诊断电网故障，并采取有效措施进行修复，减少停电时间和范围，保障供电可靠性。

（5）安全管理与风险控制：严格遵守电力行业的安全规范，进行安全风险评估，制定和执行应急预案，以防止事故发生和减轻事故后果。

（6）应急响应与恢复：在自然灾害或其他紧急情况下，能够迅速响应，采取措施保障电网的稳定运行，并在事后迅速恢复供电服务。

（7）新技术研发与应用：跟踪最新的电力技术和自动化趋势，如智能

第八章　配电农网架空线路自动化的运维

传感器、无人机巡检、物联网技术等，将这些创新应用于电网运维实践中，提升运维效率和智能化水平。

（8）团队合作与沟通：在多学科、跨部门的团队环境中，展现出优秀的团队合作精神和沟通协调能力，以确保信息流畅和资源共享。

（9）法规遵守与伦理标准：深刻理解并遵循电力行业的法律法规和伦理标准，确保运维活动合法合规，同时保护消费者权益和公共安全。

下面着重以电力系统与自动化基础的培训内容进行示范。

在工程学领域，构建扎实的电力系统自动化基础是至关重要的。这一过程需要从多个角度出发，采取一系列系统的方法和步骤来实现。

（1）首先，基础理论的学习是不可或缺的。这包括对电气工程的核心理论进行深入的理解，如电路理论、电力系统分析、电机和发电机的基本工作原理、电力电子学以及控制理论。这些理论构成了电力系统自动化的基石，为后续的学习和实践提供了必要的知识储备。

（2）参与专业课程的培训对于深化专业知识也具有重要作用。这些课程通常会涵盖电力系统设计的细节、继电保护的原理和实践、自动化控制系统的运作方式，以及智能电网技术的最新发展。通过这些课程的学习，可以更全面地了解电力系统自动化的各个方面，并掌握相关的专业技能。

（3）熟练操作仿真软件对于理解和分析电力系统的动态行为同样至关重要。通过使用如 PSCAD、ETAP、DIgSILENT PowerFactory 等仿真平台，可以在虚拟环境中模拟和分析电力系统的行为和性能。这种方法不仅可以加深对理论知识的理解，还可以在实际操作中锻炼解决问题的能力。

（4）此外，实验室实践经验的积累也是不可或缺的一部分。通过在实验室中亲手搭建和测试小型电力系统模型，可以实践继电保护装置和自动控制系统的安装和调试。这种实践经验对于理解理论知识在实际应用中的表现具有重要意义。

(5)寻找现场实习机会也是培养电力系统自动化基础的重要环节。通过在电力公司或相关企业中进行实习，可以亲身体验电力系统的日常运行和维护，并了解自动化设备在实际工作中的应用。这种实践经验对于将理论知识应用于实际情况具有极大的价值。

(6)获得专业资格认证也是提升个人专业能力的重要途径。通过考取工程师执业资格证书或相关认证，如注册电气工程师(PE)、国际项目管理师(PMP)等，可以进一步验证和提升个人的专业能力和知识水平。

(7)持续的教育和培训对于跟上技术的发展步伐也至关重要。由于电力行业的技术日新月异，定期参加研讨会、网络课程和技术工作坊等活动有助于保持知识的时效性，并不断提升个人的专业素养。

(8)拓展跨学科知识体系和强化团队合作与沟通技巧也是电力系统自动化基础建设的重要方面。由于电力系统自动化涉及多个学科领域，如计算机科学和信息技术，因此积极拓宽跨学科的知识和技能对于适应不断变化的行业需求具有重要意义。同时，在跨学科、多部门的团队协作中展现出卓越的合作精神和有效的沟通能力，以确保项目的顺利进行和成功实施。

通过以上步骤的学习和实践，可以逐步建立起坚实的电力系统自动化基础，并为从事相关工作打下良好的基础。这将有助于在未来的职业生涯中取得成功，并为电力行业的可持续发展做出贡献。

(三)团队协作与知识管理

1.团队协作

在电力系统自动化基础建设的复杂过程中，团队合作和沟通技能是确保项目高效、顺畅推进的关键。这些技能不仅涉及技术和专业层面，还包含人际交往和管理能力的多个方面。

(1)明确沟通是基础建设中的核心要素。项目管理者需要制定清晰的沟通渠道和频率，确保所有团队成员都能够及时接收到关于项目状态、变更

第八章　配电农网架空线路自动化的运维

和重要决策的信息。这包括定期的进度报告、风险评估以及任何可能影响项目进度的外部因素。

（2）有效倾听同样重要，它要求团队成员不仅要传达自己的想法，还要理解他人的观点。这有助于建立信任和尊重，减少误解和错误。团队成员应当鼓励开放式对话，让每个人都能表达自己的看法，尤其是在解决技术难题时，集思广益往往能找到最佳解决方案。

（3）冲突解决技能对于维持团队的和谐与生产力至关重要。项目进行中可能会出现意见不合，这时需要有能力的团队成员介入，通过公正和中立的方式调解争议，确保项目不受不必要的干扰。

（4）跨学科协作能力对于电力系统自动化尤为关键，因为这一领域常常涉及电气工程、计算机科学、信息技术以及其他相关学科的结合。团队成员需要能够与来自不同背景的专家有效沟通，共同推动项目向前发展。

（5）领导力是项目成功的关键。一个优秀的领导者能够激发团队的潜力，引导他们克服困难，实现项目目标。领导者还需具备决策能力，能够在关键时刻做出明智选择。

（6）适应性和灵活性在项目管理中同样不可或缺，因为实际工作中总会有不可预见的事件发生。团队成员应具备快速适应新情况、调整方案的能力，以应对不断变化的项目需求和市场环境。

（7）问题解决技能是每个团队成员都应具备的，特别是在面对复杂的工程挑战时。团队成员应能运用创造性思维，结合现有技术与方法，共同找出解决问题的最佳途径。

（8）文档和报告撰写能力是保证项目透明度和可追溯性的基础。良好的文档管理不仅能帮助项目管理者监控进度，还能为未来提供宝贵的学习资料。

（9）会议和演示技巧对于确保信息的正确传达至关重要。无论是内部会议还是向客户汇报,有效的会议组织者和演示者都能确保信息的准确性和吸引力。

(10)时间管理技能是保证项目按时完成的前提。团队成员需合理规划工作,平衡好项目进度和个人福祉之间的关系,避免过度劳累,确保长期的工作效率和创造力。

通过培养和加强这些团队合作与沟通技巧,可以显著提高电力系统自动化基础建设的效率和成果,为项目的成功奠定坚实的基础。

2.知识管理

在电力工程领域,尤其是针对配电农网架空线路的自动化运维,知识管理体系是确保运维工作高效、安全和创新的关键。该体系不仅涉及数据的收集与存储,还包含了知识的传播、应用和发展等多个层面。

(1)需要构建一个全面的知识库。这个知识库应涵盖所有相关的运维文档、图纸、操作手册、技术规范、历史故障案例分析、维修日志等。这些资料需经过严格的分类和索引,以便运维人员能够快速定位所需信息。此外,知识库还应不断更新,以反映最新的技术进展和运维实践。

(2)知识的采集和整合是知识管理体系的核心部分。除了现有的文档和记录外,还需要从运维人员的日常工作中提取经验教训。这可以通过定期的会议、研讨会和工作坊来实现,将这些知识整合到知识库中,形成一个动态的知识生态系统。

(3)建立知识共享与交流平台同样不可忽视。企业可以通过内部网络平台,如企业社交网络、论坛或博客系统,来鼓励员工分享经验、讨论问题、发布研究成果。这样的平台有助于促进知识的流动和共享,形成一个活跃的知识社区,从而提高团队的整体知识水平和协作能力。

(4)针对性的培训与发展计划是提升员工专业素养的重要手段。企业可以根据知识管理体系的内容,制定相应的培训课程,包括线上学习资源、

第八章　配电农网架空线路自动化的运维

实地操作培训或与高等教育机构合作的教育项目。这些培训旨在提升员工的操作技能和理论知识，确保他们能够跟上技术的快速发展。

（5）知识更新与迭代也是知识管理体系不可缺少的部分。随着技术的发展和运维实践的深化，知识体系需要定期更新和修订，以确保其内容的时效性和实用性。这要求企业建立起一套有效的知识更新机制，及时调整和优化知识库。

（6）知识保护与合规性是知识管理体系的重要组成部分。在收集和共享知识的过程中，必须遵守相关的法律法规，保护企业和个人的知识产权。同时，确保所有知识分享和应用活动都在合规的框架内进行，以避免潜在的法律风险。

配电农网架空线路自动化运维人员的知识管理体系是一个综合性、动态性的系统，它通过多个环节的协同作用，不仅提高了运维工作的效率和质量，也为企业的长期发展和创新能力提供了坚实的基础。

在工程领域，特别是针对配电农网架空线路的自动化运维，建立一个全面而有效的知识管理体系对于提高运维效率、确保供电系统的可靠性与安全性，以及推动技术创新具有至关重要的影响。这一体系的存在和运用，给运维团队和企业都带来了一系列显著的好处。

（1）知识管理体系能够集中存储和管理所有的运维相关数据和文档，包括操作手册、技术规范、历史故障案例分析、维修日志等。这种集中的方式使得运维人员在遇到问题时，能够迅速访问和检索到所需信息，大大提升了问题解决的效率和运维工作的质量。

（2）通过系统化和标准化的知识管理，可以有效地减少人为操作失误，增强供电系统的稳定性和安全性。这种标准化不仅有助于提高运维工作的准确性，还能确保在整个配电农网系统中，各项操作和维护工作都能按照统一的标准执行，进一步保障了电网的安全运行。

（3）知识管理体系还是经验和技术的宝贵传承工具。通过将资深工程师的经验和技术进行系统化整理并存储，可以有效地避免因人员流动而造成的技术和经验的流失。这种传承不仅有助于新员工快速成长，也能保证企业在面对人员变动时，依然能够保持技术水平的稳定。

（4）知识管理体系同样支持企业的决策制定过程。通过对知识库中数据的分析和挖掘，管理者可以获得有价值的洞察，这些洞察可以帮助他们做出更加科学和合理的运营和战略决策。

（5）在员工培训和职业发展方面，知识管理体系提供了丰富的学习资源和案例，帮助员工快速掌握必要的知识和技能。这种持续的学习和培训不仅促进了员工的个人职业成长，也提升了整个运维团队的综合实力。

（6）这一体系还促进了企业内部的创新和改进。通过对运维过程中存在的问题和改进机会进行分析，可以激发员工的创新思维，推动技术的进步和服务质量的提升。

（7）在资源配置方面，知识管理体系通过对运维活动的深入分析，帮助企业发现资源浪费的环节，从而指导企业更加合理地分配人力和物力资源，实现资源的优化配置。

（8）在应对突发事件方面，知识管理体系能够提供快速的信息检索和决策支持，使得运维人员能够迅速采取有效的应对措施，从而减轻事件可能带来的损失。

（9）知识管理体系还增强了组织的整体学习能力。通过鼓励员工之间的知识共享和学习文化的形成，企业能够形成一种持续学习、不断进步的组织氛围，从而不断提升企业的技术创新能力和市场竞争力。

建立配电农网架空线路自动化运维人员的知识管理体系对于提升运维效率、保障供电安全、促进技术创新、优化资源配置以及提高客户满意度等方面都起到了至关重要的作用。它是企业实现可持续发展、保持竞争优势的关

第八章 配电农网架空线路自动化的运维

键因素之一。

在工程领域,尤其是配电农网架空线路的自动化运维方面,建立一个全面且高效的知识管理体系是提升运维水平、保证供电安全和推动技术进步的关键。为了实现这一目标,需要遵循一系列详尽的步骤,并投入相应的时间和资源。

(1)进行需求分析是构建知识管理体系的第一步。这意味着要深入了解运维团队在实际工作中所面临的知识需求,这可能包括设备操作、故障诊断、预防性维护、新技术应用等多方面的内容。通过需求分析,可以确定哪些知识是必需的,以及如何最有效地组织和传递这些知识。

(2)进行知识的识别和分类。这涉及搜集现有的各种运维文档、操作手册、故障案例、最佳实践、经验总结等,然后对它们进行分类和标签化,以便于日后的检索和使用。分类可以基于知识的性质、用途或者运维的具体场景来进行。

(3)需要设计和开发一个强大的知识管理系统。这个系统应该有一个直观的用户界面,方便用户浏览和搜索;应该具备高效的搜索引擎,能够快速定位相关信息;还应该有完善的权限管理,确保只有授权的人员才能访问敏感信息。此外,版本控制功能也很重要,它能确保知识的更新和演进被妥善记录和追踪。

(4)将收集到的知识内容录入知识库并进行整理是接下来的任务。这包括验证信息的准确性、去除重复内容、确保格式的一致性等。这一步是确保知识库质量的关键。

(5)为了促进知识的共享和交流,需要搭建一个内部平台。这个平台可以是论坛、博客、即时通信工具等形式,它的目的是提供一个开放的环境,让员工能够自由地分享经验、讨论问题、发布研究成果,从而形成一个积极的知识共享文化。

（6）培训与发展计划是知识管理体系不可或缺的一部分。根据知识库的内容，企业应制定相应的培训课程，包括在线学习资源、现场操作培训、与高校或研究机构的合作项目等，以帮助员工提升技能和知识水平。

（7）随着时间的推移，知识库的内容也需要不断地更新和迭代。定期审查知识库，淘汰过时的信息，添加新的知识和最佳实践，以确保知识的时效性和实用性。

（8）激励机制对于鼓励员工参与知识管理和分享至关重要。通过设立知识贡献奖、优秀案例奖等激励措施，可以激发员工的积极性和创造性，形成正向激励的良性循环。

（9）合规性和知识产权保护是知识管理体系中不可忽视的一环。在收集、存储和共享知识的过程中，必须遵守相关的法律法规，确保所有知识分享和应用活动均在合法合规的框架内进行，同时要保护企业的知识产权不受侵犯。

建立配电农网架空线路自动化运维的知识管理体系是一项复杂而细致的工作，它需要多方面的考虑和周密的规划。通过实施上述步骤，企业可以构建出一个结构化、动态化、可持续发展的知识管理体系，从而为提升运维效率、保障供电安全、促进技术创新和培养人才奠定坚实的知识基础。

3. 后续保障

在工程领域，特别是在配电农网架空线路自动化运维的知识管理体系中，潜在的安全隐患不容忽视。这些隐患可能包括以下几个方面。

（1）非授权访问：若访问控制措施不够严密，可能导致未授权个体访问敏感信息，进而引发信息泄露或恶意利用。

（2）网络攻击威胁：黑客可能利用系统漏洞发起网络攻击，例如分布式拒绝服务攻击（DDoS）、结构化查询语言（SQL）注入、跨站脚本攻击（XSS）等，这些攻击可能破坏知识管理体系的安全性。

（3）数据泄漏风险：数据在传输或存储过程中的加密措施不足，可能

第八章　配电农网架空线路自动化的运维

导致数据在传输过程中被拦截或存储数据被非法访问。

（4）内部威胁因素：公司内部人员可能因个人动机，故意泄露或篡改知识库中的信息，构成内部安全威胁。

（5）物理安全漏洞：服务器若缺乏充分的物理安全措施，可能遭受非法入侵，导致敏感信息泄露。

（6）软件和硬件漏洞：未及时修补的软件或硬件漏洞可能成为黑客攻击的突破口。

（7）第三方服务安全隐患：依赖的不安全第三方服务或应用程序接口（API）可能引入安全漏洞。

（8）缺乏定期安全审计：缺少定期安全审计和漏洞扫描可能导致安全漏洞未被及时发现和修复。

（9）应急响应计划缺失：未建立明确的应急响应计划可能在安全事件发生时无法迅速有效地应对。

（10）法律和合规风险：未遵守相关数据保护法规可能引发法律责任和声誉损失风险。

为降低这些风险，需采取一系列安全措施，以构建一道坚固的信息安全防线。

（1）强化访问控制是基础。通过实施多因素认证、基于权限的角色管理系统，可以有效限制未授权访问。例如，使用智能卡、生物识别技术或短信验证码作为第二认证因素，可以大幅提高认证的安全性。

（2）数据加密是保护信息不被泄露的关键手段。对知识库中的所有数据进行端到端的加密处理，无论是静态数据还是在传输中的数据，都必须使用强加密算法，如 AES（高级加密标准）或 RSA，以确保数据即便在遭到窃取的情况下也无法被轻易解读。

（3）网络安全防护同样不可或缺。通过部署先进的防火墙、入侵检测系统和防病毒解决方案，可以实时监控网络状态，自动检测和防御各种网络攻击。同时，定期进行漏洞扫描和安全评估，及时修补安全漏洞，也是确保网络安全的重要环节。

（4）定期备份和灾难恢复计划的制定也是保障知识管理体系安全的重要组成部分。通过定期备份数据，并将备份数据存储在安全的地点，即使发生数据丢失或系统崩溃的情况，也能够迅速恢复到最近的状态，减少损失。

（5）物理安全措施同样重要。服务器和数据中心的物理安全不容忽视，需要通过门禁系统、监控摄像头的安装以及定期的安全巡查来防止未授权的物理访问和破坏行为。

（6）员工安全培训是提升整体安全意识的有效方式。定期组织信息安全培训，教授员工如何防范网络钓鱼、社会工程学攻击等常见威胁，以及如何正确处理敏感信息，可以大大降低内部安全风险。

（7）安全审计与监控是持续保障安全性的必要措施。通过对知识库的使用情况进行实时监控，及时审计日志文件，可以快速发现并处理任何异常活动或潜在威胁。

（8）软件和硬件的及时更新也不可忽视。操作系统、应用程序和硬件设备的最新补丁和固件更新能够有效封堵已知的安全漏洞，防止攻击者利用这些漏洞进行攻击。

（9）对第三方服务的安全性进行严格审查也是保障整体安全的关键。所有供应商和服务提供商都应该经过安全审查，确保它们符合公司的安全标准和要求。

（10）遵守相关的法律法规，如数据保护法和隐私法，并制定明确的安全政策和程序，是保障知识管理体系合法性和安全性的基础。所有员工都应该了解并遵守这些政策和程序，共同维护知识体系的安全。

通过这些全面的措施，可以构建一个既坚固又灵活的知识管理体系，不

第八章 配电农网架空线路自动化的运维

仅能够抵御外部的安全威胁,也能够应对内部的安全挑战,确保配电农网架空线路自动化运维的知识管理体系在不断变化的技术环境中保持最高水平的安全性。

四、配电农网架空线路自动化运维的应用案例

(一)某农村智能巡检系统运维的成功案例

在系统架构上,农村智能巡检系统的成功案例展现了高度集成的信息技术和物联网技术的应用。为方便解释案例,下面对该公司所用智能巡检系统架构进行说明。

1. 感知层

部署了一系列的传感器,包括温度传感器、振动传感器、红外摄像头等,以实时监控电网设备的运行状况。这些传感器能够捕捉到异常情况,如过载、过热或设备损坏。

使用无人机进行空中巡检,无人机装备了高清摄像头和热成像仪,能够覆盖偏远和难以到达的区域,提供视觉信息和地理空间数据。

2. 网络层

利用先进的无线通信技术,如 4G/5G、LoRaWAN(远距离广域网)、NB-IoT(窄带物联网)等,建立了稳定的数据传输通道,保证了数据传输过程的完整性和安全性。

在数据传输过程中,采用了加密技术和安全协议,确保了数据的安全性和隐私保护。

3. 数据处理层

数据中心或云平台承担了收集、存储和处理来自感知层的大量数据的责任。

应用大数据分析和机器学习算法,对收集到的数据进行分析,从而识别潜在的问题和趋势,预测设备故障,优化维护计划。

4.应用层

开发了用户友好的移动应用和 Web 界面，运维人员可以通过这些工具实时查看设备状况、接收警报和执行远程控制。

实现了故障诊断、预警和决策支持功能，提高了运维的响应速度和准确性，减少了停电时间，提升了供电的可靠性。

安全管理：

实施了严格的数据安全和隐私保护措施，包括数据加密、访问控制和网络安全防护，确保了系统的稳定性和抵御外部威胁的能力。

定期进行安全审计，评估系统安全性能，及时修补安全漏洞，保障系统的长期稳定运行。

案例分析：

以某电网公司为例，该公司在其农村配电系统中成功实施了上述架构，通过无人机巡检和地面传感器相结合的方法，显著提高了巡检效率和电网的可靠性。系统能够自动检测和报告故障，减少了人工巡检的需要，同时通过数据分析优化了维护计划和资源分配。此外，该系统还具有良好的扩展性和灵活性，能够适应未来技术的发展和电网需求的变化。

通过上述架构的成功应用，农村智能巡检系统不仅提升了电网运维的质量和效率，还为未来的智能化电网运维积累了宝贵的经验和参考。这种系统的成功案例证明了通过技术创新和智能化改造，农村电网运维能够实现更高的自动化水平和更好的服务质量。

在农村智能巡检系统的运维领域，专业的巡检模式与策略的成功往往体现在以下几个方面：

（1）智能化的故障预测与健康管理（PHM）：利用高级数据分析技术（如深度学习、时间序列分析）来预测设备故障，实现预测性维护。

（2）结合设备的历史运行数据、实时监控数据和环境参数，通过构建

第八章 配电农网架空线路自动化的运维

健康指标（health index）来评估设备状态。

（3）自适应巡检调度：采用智能算法（如遗传算法、蚁群优化）来优化巡检路线的规划，减少巡检时间和成本。根据设备的重要程度、风险等级和上次巡检的结果动态调整巡检计划。

（4）无人机与机器人技术的集成应用：利用无人机搭载的多光谱和高光谱成像技术进行植被检查和线路巡视。使用地面机器人或自动化车辆进行特定区域内的巡检任务，尤其适用于危险或难以接近的环境。

（5）边缘计算与数据融合：在巡检设备端部署边缘计算节点，实现数据预处理和分析，降低数据传输延迟和带宽需求。融合来自不同传感器的数据，以及通过卫星遥感、气象数据等外部信息，提供全面的设备状态视图。

（6）远程实时监控与干预：建立远程监控中心，实现对电网设施 24/7 的不间断监控。当检测到异常时，系统能够自动触发警报并提供远程干预选项，如远程断电或重合闸操作。

（7）标准化与模块化设计：采用标准化接口和模块化设计，便于不同设备和系统的集成和升级。通过模块化设计，可以根据实际需要快速部署或调整巡检系统组件。

（8）安全与隐私保护：实施端到端的数据加密和网络安全措施，确保数据传输的安全性。对敏感数据进行脱敏处理，遵守相关的数据保护法规和标准。

（9）持续的系统评估与迭代：定期对巡检系统进行效果评估和技术审查，以确保其持续满足运维要求。根据最新的技术发展和运维经验，不断迭代和改进巡检系统和策略。

某电网公司引入了上述巡检模式与策略，通过实施预测性巡检和基于状态的巡检，显著减少了不必要的巡检工作。同时，利用无人机和移动巡检提高了巡检的覆盖范围和效率。集成化运维平台的使用，使得运维人员能够更

配电农网架空线路自动化应用

有效地监控和管理电网,而远程控制和自动化功能的加入,则极大地提升了应对突发事件的能力。这些措施共同作用,大幅提高了电网的运维质量和供电稳定性。

实际应用效果:

在农村智能巡检系统运维的实际应用中,一些案例已经显示出了显著的效果。例如,中国某地区的电网公司就成功地部署了一套智能巡检系统,该系统结合了无人机巡检、地面传感器监测和大数据分析等多种技术手段。通过这套系统,电网公司能够实现以下几点。

(1)无人机能够在短时间内覆盖大面积的电网设施,特别是在地形复杂的农村地区,相比传统的人工巡检方式,大大提高了巡检的效率和速度。

(2)通过地面传感器和无人机搭载的高清摄像机,系统能够准确地检测到线路老化、树枝搭挂、动物侵入等问题,并及时发出警报。

(3)由于无人机巡检的效率较高,且可以定期自动执行,因此减少了大量的人力物力投入,降低了运维成本。

(4)通过预测性维护和及时的故障响应,减少了停电事件的发生,提升了供电的稳定性和可靠性。

(5)系统通过对大量巡检数据的分析,帮助运维团队更好地了解设备状态,合理调配人力和物资资源。

具体成效方面,该电网公司报告称,智能巡检系统的实施使得巡检周期缩短了约50%,故障发现时间减少了60%,运维成本降低了30%,而供电可靠性则提高了10%以上。

这个案例表明,农村智能巡检系统的成功实施,不仅能够提升电网运维的工作效率,而且能够有效降低运维成本,提高供电的稳定性和用户的满意度。随着技术的不断进步和应用的深化,预计这样的系统将在全球范围内得到更广泛的推广和应用。

第八章　配电农网架空线路自动化的运维

（二）某农村故障定位与修复运维的成功案例

定位技术：

在农村电网故障定位与修复运维中，定位技术的成功案例往往涉及利用先进的传感器技术和数据处理方法来提高故障检测和定位的效率。以下是一个具体的例子：

在中国某农村地区，电网公司采用了基于光纤传感技术的电网监控系统。这种系统利用光纤作为传感元件，能够沿着电网线路分布，实时监测温度、压力和振动等参数。光纤传感器具有极高的灵敏度和抗干扰能力，非常适合在恶劣的农村环境中使用。

当电网发生故障时，如导线断裂或树木倒伏导致短路，光纤传感系统能够迅速感知到温度变化或压力波动，并通过数据传输网络将信息实时发送至控制中心。控制中心配备有专门的分析软件，可以快速处理这些数据，并准确地定位故障发生的具体位置。

除此之外，电网公司还结合使用了地理信息系统（GIS）和卫星定位系统（GPS）来辅助故障定位。GIS系统存储了电网的详细布局和地理信息，而GPS则能够提供运维人员的精确定位。通过将光纤传感系统检测到的故障位置与GIS和GPS数据结合起来，运维人员能够迅速获得故障点的精确地理坐标，从而指导他们快速有效地到达现场进行修复。

通过这种综合的定位技术解决方案，电网公司不仅能够大幅度减少故障检测和定位所需的时间，还能提高修复工作的精准度，减少对电网运行的影响。这种方法的实施大大提升了农村电网的可靠性和运维效率，为农村地区的经济发展和居民生活质量的提高做出了积极贡献。

在案例中采用的修复策略通常包括以下几个步骤：

（1）快速响应：一旦智能监控系统检测到故障，立即启动应急预案，通知运维团队。

(2)初步诊断：利用光纤传感系统和数据分析软件对故障进行初步诊断，确定故障的性质和大致位置。

(3)现场确认：派遣运维人员携带便携式检测设备前往疑似故障区进行现场确认。这可能包括使用无人机进行空中勘察，以获取更全面的视角。

(4)详细评估：在现场对故障进行详细评估，确定修复所需的材料、工具和技术。

(5)制定方案：根据故障的具体情况，制定针对性的修复方案。这可能包括临时切断电源、设置安全围栏、准备备用线路切换等预防措施。

(6)修复执行：按照制定的方案，由专业的维修团队进行修复工作。这可能涉及更换损坏的部件、重新连接线路、清理障碍物等。

(7)恢复供电：在完成修复工作并经过必要的测试和安全检查后，逐步恢复受影响区域的电力供应。

(8)后续监控：在故障修复后，继续使用智能监控系统对电网进行密切监控，以防故障再次发生。

(9)数据分析与优化：收集和分析此次故障处理过程中的数据，评估修复策略的有效性，并根据反馈调整和优化未来的运维流程和预案。

通过这种多阶段、综合性的修复策略，能够确保故障被迅速且有效地解决，最大限度地减少对农村地区供电的影响。

(三)基于物联网的智能电网管理系统实际案例

在中国某个农村地区，某电网公司为了提高故障定位与修复的效率，引入了一套基于物联网（IoT）技术的智能电网管理系统。该系统集成了传感器网络、云计算平台和移动通信技术，旨在实现对电网状态的实时监控和故障快速响应。

首先，电网公司在关键的输电线路上安装了多种类型的传感器，包括温度传感器、振动传感器和泄漏传感器等。这些传感器实时监测电网设备的运

第八章　配电农网架空线路自动化的运维

行状态,并将数据上传至云平台。

当系统检测到异常数据时,会自动启动故障诊断程序。通过大数据分析和机器学习算法,系统能够快速识别故障类型和可能的位置。一旦确定故障点,系统会立即通知运维人员,并通过移动应用程序发送详细的故障信息和地图指引。

此外,电网公司还配备了无人机巡检队伍,用于验证故障诊断结果和获取现场情况的高清图像。无人机可以在短时间内覆盖大片区域,尤其是在地形复杂或人员难以到达的地方,大大提高了故障定位的速度和准确性。

在故障定位后,运维团队迅速采取行动,根据无人机提供的信息,制定维修方案,并派遣维修人员前往现场进行修复作业。同时,系统还会根据历史数据和维修记录,预测维修时间并制定备用计划,以最小化对用户供电的影响。

通过这种智能化的故障定位与修复流程,电网公司的故障响应时间大幅缩短,维修效率显著提高,供电可靠性得到了极大加强。这一案例展示了现代信息技术在农村电网运维中的巨大潜力,也为其他地区提供了可借鉴的经验。

实际运用效果:

在工程领域,针对农村电网故障定位与修复运维的实际运用效果,可以从以下几个技术层面进行专业分析:

(1)通过在电网关键节点安装高灵敏度传感器,能够实时监测电流、电压、温度等关键参数,一旦出现异常即可触发报警系统。这种监控方式极大地提高了故障检测的即时性和准确性。

(2)收集的历史和实时数据通过大数据分析平台进行处理,可识别出电网潜在的故障模式,实现故障预测。这种预防性维护策略有助于减少故障发生的频率和严重程度。

（3）无人机搭载高清摄像头和多光谱传感器，能够在复杂地形或危险区域执行巡检任务，提供地面人员难以达到区域的视觉信息，加速故障定位过程。

（4）运维人员可以通过移动设备接收故障信息，并远程控制电网设施（如断路器），实现快速隔离故障区域，最小化对其他区域供电的影响。

（5）集成的故障诊断系统能够基于收集的数据自动分析故障原因，为运维人员提供维修建议和操作指导，提高故障处理的决策效率和质量。

通过上述技术的综合应用，农村电网故障定位与修复运维的实际运用效果表现在故障响应速度的提升、修复效率的增加、供电可靠性的改善、运维成本的优化及用户满意度的提高等方面。这些进步不仅提高了农村电网的运营水平，还促进了农村地区的经济发展和社会进步。

第九章
配电农网架空线路自动化建设应用前景与展望

配电农网架空线路的自动化建设对于提升农村电网的整体性能至关重要。通过引入先进的传感器和监控设备，可以实时监测电网状态，及时预警潜在的故障，这不仅能缩短故障响应时间，还能提高电网的运行效率和安全性。

无人机能够快速覆盖广阔的区域，进行高效率的巡检工作，这不仅降低了人工成本，而且提高了巡检工作的安全性和准确性。

远程控制技术的应用使得电网运维人员能够远程操控断路器和开关，迅速隔离故障点，最小化停电影响。此外，自愈网络的开发让电网具备了在发生故障时自动修复和恢复供电的能力，极大提升了供电的可靠性。

随着新能源的快速发展，架空线路自动化建设还将支持更多可再生能源的接入，这有助于推动能源结构的转型和升级，同时也为电力市场化提供了技术支撑。

伴随配电农网架空线路自动化建设的推进，将为农村地区带来更加稳定可靠的电力供应，促进经济的可持续发展，并为实现智慧电网和能源互联网的长远目标奠定坚实的基础。随着相关技术的不断进步和成熟，其应用前景将更加广阔。

配电农网架空线路自动化应用

第一节　建设应用的经济效益分析

配电农网架空线路自动化的实施，从经济学角度来看，是一项长期投资，从其效益角度分析，主要体现在以下几个方面。

一、自动化系统的引入能够显著降低电网的运维成本

传统的电网运维依赖于大量的人工巡检，这种方式成本高昂且效率低下。而自动化系统能够实时监测电网状态，通过智能传感器和数据分析技术，及时发现并预警潜在的问题，从而减少了对人工巡检的依赖。这不仅减少了人工成本，还提高了故障响应的速度和准确性。

二、自动化技术显著提升了电网的供电可靠性

通过远程控制和快速故障隔离，自动化系统能够在最短时间内恢复供电，最大限度地减少了停电时间和范围。这对于农村地区的农业生产和生活来说至关重要，因为稳定的电力供应是保障农业生产、加工和储存的关键因素。

三、自动化技术还有助于优化电力资源的配置

通过实时监测电网负荷和需求变化，自动化系统能够调整电力分配，确保电力资源得到最有效的利用，减少能源浪费。

四、自动化建设同样支持了新能源的接入

随着太阳能、风能等可再生能源在农村地区的普及，自动化电网能够更好地整合这些分布式能源，构建起多元化的能源供应体系。这不仅有利于环境保护，长期来看也能降低能源成本。

五、自动化系统还为电力市场化提供了有力支撑

通过提高电网运营效率，自动化技术促进了电力市场的健康发展，增加

第九章 配电农网架空线路自动化建设应用前景与展望

了经济收益。电力公司能够提供更为灵活的交易和服务，满足不同用户的需求，从而提升市场竞争力。

六、自动化系统增强了电网的抗灾能力

在面对极端天气和其他灾害事件时，自动化系统能够迅速做出反应，减少灾害造成的损失。

由上可知，配电农网架空线路自动化的经济效益是多方面的，既有直接的成本节约和效率提升，也有间接的经济结构优化和市场潜力开发。虽然初期投资相对较大，但从长远来看，其经济效益是十分显著的。

第二节 社会效益与环境效益分析

配电农网架空线路自动化建设在提升社会效益方面发挥着至关重要的作用。

一、自动化技术的引入极大地提升了供电的可靠性和连续性

通过实时监控电网状态，自动化系统能够迅速识别问题并采取措施，从而显著减少停电事件，这对农业生产尤其关键，因为不间断的电力供应对于保证作物生长周期、农业灌溉系统和温室大棚的正常运作至关重要。

二、自动化建设为农村经济的发展注入了新的活力

稳定的电力供应是现代农业技术应用的前提，例如精准灌溉、自动化畜牧养殖、食品加工和冷链物流等，这些都需要可靠的电力支持。因此，自动化电网的建设有助于提高农业生产效率，推动农产品加工业的发展，进而带动农村地区的整体经济增长。

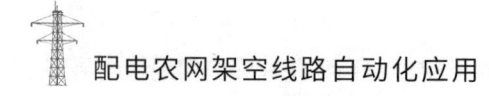

三、在改善居民生活质量方面，自动化电网的建设同样起到了不可忽视的作用

农村居民能够享受到更稳定、更高质量的电力服务，满足日常生活的基本需求，如家庭照明、电视、冰箱和洗衣机等家用电器的使用，这些都大大提升了农村居民的生活水平和幸福感。

四、电网安全管理的加强也是自动化建设的一个重大社会效益

自动化系统通过智能监控和预警机制，提高了电网的安全防护能力，有效预防了电网事故的发生，确保了人员和设备的安全，这对于保护农村社区的安全和稳定具有深远意义。

五、在公共服务领域，自动化电网的建设也发挥了积极作用

稳定的电力供应为农村地区的医疗设施、学校和教育机构、金融机构以及政府服务提供了必要的能源支持，从而提升了这些公共服务的效率和质量。

六、自动化电网增强了农村地区对自然灾害的应对能力

在遇到极端天气或其他灾害事件时，自动化系统能够迅速做出反应，最大限度地减少灾害对电网的影响，并尽快恢复供电，保障人民的基本生活和财产安全。

配电农网架空线路自动化建设不仅对电力系统的运行效率和服务水平有显著提升，而且对社会的可持续发展、经济繁荣、居民生活质量的改善以及自然灾害的应对能力都有着深远的影响。这些综合效益共同推动了农村地区的全面发展和现代化进程。

配电农网架空线路自动化建设对环境效益的正面影响是多维度的，具体可以从以下几个层面进行深入分析。

（1）随着自动化技术的应用，电网能够实现更优化的能源管理和分配。智能调度系统能够根据实时的负荷情况动态调整发电量和输电计划，避免过

第九章　配电农网架空线路自动化建设应用前景与展望

度发电和能源浪费。这种精细化的能源管理有助于降低电网的整体能耗，减少温室气体排放，对抗全球气候变化。

（2）自动化电网具有更高的适应性，能够有效地吸纳和分配来自太阳能、风能等可再生能源的电力。这种融合不仅有助于减少对化石燃料的依赖，降低环境污染，还促进了能源结构的绿色转型，推动了可持续能源体系的建设。

（3）在架空线路的规划和建设过程中，自动化技术通过高精度的地理信息系统（GIS）和遥感技术辅助决策，能够规避对生态环境敏感区域的影响，减少对森林、湿地和水源地的破坏。此外，自动化建设减少了现场施工活动，降低了施工过程中的噪声和尘埃污染，对周边环境的影响降到最低。

（4）自动化系统能够在自然灾害发生时迅速响应，通过远程控制断开受损部分，保护电网免受进一步损害，并加快恢复供电。这种快速反应能力减少了灾害对电网设施的破坏，避免了由于电力设施损坏可能引发的二次污染和生态风险。

配电农网架空线路自动化建设通过提高电网运行效率，优化能源使用结构，减少环境破坏，提升电网对灾害的抵御能力，对环境保护和可持续发展做出了重要贡献。这些环境效益的实现，符合全球推动绿色能源、低碳经济的趋势，对于实现环境友好型社会具有深远的意义。

第三节　技术的应用优势与效果

一、技术的应用优势

配电农网架空线路自动化建设技术的应用带来了多方面的显著优势，本书将从以下几个维度进行详细阐述。

（1）供电可靠性的显著提升。自动化技术通过实时监控电网运行状态，能够及时发现并处理故障，有效缩短停电时间，减少停电频率，从而极大地提高供电的稳定性和可靠性。这对于农业生产和农村居民生活至关重要，因为不间断的电力供应是确保农业生产顺利进行和提高农村居民生活质量的基础。

（2）应急响应能力的加强。在面临自然灾害或突发事件时，自动化系统能够快速切断故障线路，防止事态扩大，保障电网及用户的安全。同时，系统还能指导快速恢复供电，将停电对用户的影响降到最低。

（3）电力质量的持续改进。通过自动化技术，电网能够更精确地控制电压和无功功率，优化电力传输过程，从而提升电力质量，减少电能损耗，提高电能利用率。

（4）智能化电网的发展。配电农网架空线路的自动化建设是智慧电网建设的重要基础，它为电网的智能化发展提供了必要的技术支持和平台，使得电网运行更加灵活、高效和智能化。

（5）数据分析和决策支持的强化。自动化系统收集的大量数据可用于深入分析，以优化电网运行，预测和防范潜在问题。这些数据和分析结果为电网运营和管理提供了有力的决策依据。

（6）环境影响的减少。自动化技术的应用减少了对环境的直接干预，特别是在生态敏感和脆弱的农村地区，有助于减轻电网建设和运维对自然环境的影响。

配电农网架空线路自动化建设技术的应用不仅提高了电网的运行效率和供电质量，还促进了可再生能源的有效利用，加强了电网的智能化管理，为农村地区的可持续发展提供了强有力的技术支撑。

二、技术的应用效果

配电农网架空线路自动化建设技术的应用成效在多个维度上得到了体现，具体分析如下。

第九章 配电农网架空线路自动化建设应用前景与展望

（1）通过实施自动化监控，电网能够实时诊断并隔离故障，有效降低停电事件的发生概率，确保农业生产和农村居民的电力需求得到满足，不受电力中断的影响。

（2）采用远程监控与控制策略，显著减少了人工巡检的需求，提升了运维响应的敏捷性与准确性，同时降低了运维成本和人员的安全风险。

（3）在故障发生时，自动化系统能够迅速隔离受影响区域并进行网络重构，实现电网的快速恢复，最小化供电中断的影响。

（4）自动化电网展现出对分布式能源，特别是太阳能和风能等可再生能源的良好适应性，促进了清洁能源的广泛应用和电网的能源结构优化。

（5）通过对电压和无功功率的精细化控制，提高了电力传输的质量，减少了电能损失，并提升了电能的利用效率。

（6）自动化系统收集的海量数据为电网优化、故障预测和决策支持提供了坚实的数据基础，增强了电网管理的科学性和前瞻性。

自动化技术的应用在减少电网建设和运维对环境的影响方面发挥了积极作用，特别是在生态敏感区，配电农网架空线路自动化建设技术的应用成效在多个维度上得到了体现，具体分析如下：

（1）供电质量的改善和供电稳定性的增强直接提高了终端用户的用电体验，增强了用户对电力服务的信任与满意程度。

（2）尽管自动化建设需要较高的初始投资，但从长远角度来看，运维成本的节约和供电效率的提升将为电网运营商带来可观的经济效益。同时，该技术的应用对于推动农村地区的经济社会发展具有深远的意义，实现了经济价值与社会价值的双重增益。

（3）配电农网架空线路自动化建设技术的应用在提升电网运行效能、优化能源配置、保护生态环境以及增强用户满意度等方面均取得了卓越成效，对于推进农村地区的现代化进程和可持续发展目标具有重要的推动作用。

第四节　实际建设中遇到的问题与解决方案

在配电农网架空线路自动化建设的实际操作过程中，可能会遭遇一系列挑战，具体分析如下。

一、资本成本问题

自动化系统的部署通常伴随着显著的前期资本投入，涉及购置高端自动化设备和软件、专业技术培训以及现有电网基础设施的升级改造。对于资源有限的农村电网运营商而言，筹集足够的启动资金可能是一项重大挑战。

二、技术与专业人才培养难题

自动化技术的实施要求电网运营商具备相应的技术实力和专业知识储备。然而，在农村地区，此类专业人才的匮乏可能制约自动化系统的设计与运维效能，进而影响到整个项目的执行效果。

三、地形与环境制约因素

农村地区的地形多样且复杂，如山地、丘陵、林地和广袤的农田等，这些地理特点可能对架空线路的规划与施工造成不利影响，增加工程难度和成本负担。

四、设备维护与迭代更新挑战

自动化设备的持续维护和周期性技术更新需求对技术支持的专业性提出了较高要求。若农村地区缺乏有效的设备维护体系，可能导致设备过早老化、故障频发。

五、信息安全与隐私保护关切

随着数据收集与分析在自动化建设中的广泛应用，如何确保数据安全、

第九章　配电农网架空线路自动化建设应用前景与展望

防止数据泄露和非法使用成为一个亟待解决的问题。

六、系统兼容性与集成障碍

将先进的自动化技术融合进现有电网系统可能面临兼容性问题，如何在保证现有系统稳定运行的基础上实现平滑过渡和无缝对接是一大技术难题。

七、政策与法规滞后效应

政策法规的制定与更新速度可能滞后于自动化技术的发展，这可能导致项目实施过程中出现政策空白或不确定性，增加项目风险。

八、用户认知度与参与度不足

提升农村用户对自动化技术的认知和接受度是推广过程中的关键环节。用户参与度的提高对于项目的成功至关重要，需要采取相应的教育和沟通措施。

综合来看，配电农网架空线路自动化建设在实际操作中面临的挑战需要电网运营商、政府机构、技术供应商以及社会各界的共同努力与协作，以实现项目的顺利推进和长期效益的最大化。

在配电农网架空线路自动化建设过程中，针对所面临的挑战，以下是详细的解决方案。

（1）可以探索政府资助的可能性，例如通过新能源发展基金、农村电气化项目等渠道获取资金支持。其次，与金融机构合作，寻求低息贷款或融资租赁方案，减轻资金压力。再次，通过与私营企业合作，采取公私合作伙伴关系（PPP）模式，共同投资建设，分享收益与风险。最后，通过项目本身带来的节能效益、减少停电时间等经济效益，逐步回收投资成本。

（2）利用现代测绘技术，如无人机航拍、激光雷达（LiDAR）扫描，精确获取地形数据。根据地形特点设计合理的线路走向和杆塔结构，例如在山区采用耐腐蚀、轻型材料的杆塔，在林区则考虑树木生长对线路的影响，并预留足够的安全距离。

（3）建立设备全生命周期管理体系，记录设备的采购、安装、运行、维护直至报废的全过程。制定定期巡检计划和预防性维护指南，采用远程监控技术实时跟踪设备状态，及时发现潜在问题。此外，与设备制造商合作，确保备件供应和维修服务，制定更新换代的计划表，避免因设备陈旧导致的运行风险。

（4）制定严格的数据管理政策，包括数据采集、存储、传输和使用的规范。采用先进的加密技术保护数据传输过程，设置多重身份验证机制，确保只有授权人员才能访问敏感数据。定期对员工进行数据安全培训，强化安全意识，并制定应急响应计划，以便在数据泄露或其他安全事件发生时迅速采取行动。

（5）在新系统的设计阶段，就充分考虑与现有系统的接口和通信协议。采用模块化设计理念，确保各系统部件之间的独立性和可替换性。同时，进行充分的测试，验证新系统与旧系统的兼容性和交互能力，确保系统切换时的平稳过渡。

（6）积极参与政策制定过程，向政府反映行业需求和建议，协助完善相关的法律法规框架。同时，密切关注政策变化，及时调整项目策略，确保合规性。

（7）开展用户教育活动，通过研讨会、工作坊等形式普及自动化技术知识，解答用户疑虑。建立用户反馈平台，收集用户意见和建议，及时调整服务策略。此外，通过社交媒体、官方网站等渠道发布项目进展和成果，增强透明度，提高用户信任和满意度。

通过这些细致周到的解决方案，可以有效地克服配电农网架空线路自动化建设中的难题，确保项目按计划推进，最终实现提高供电可靠性、降低运维成本和促进农村经济社会发展的目标。

第九章　配电农网架空线路自动化建设应用前景与展望

第五节　建议和改进措施

为确保配电农网架空线路自动化建设的顺利进行并取得预期成效，以下是一些详尽的建议。

（1）进行全面的需求分析和可行性研究，在项目启动前，深入调研农村电网的特点和用户需求，评估自动化技术对提升供电质量和运营效率的潜在贡献。对比不同自动化解决方案的成本效益，选择最适合当地实际情况的技术路线。

（2）制定详细的项目规划，包括技术方案的选择、资金的筹措和使用、项目时间表的安排、人力资源的组织和培训等。明确各项任务的责任人，设定合理的时间节点，确保项目按计划有序推进。

（3）加强跨部门和多方利益相关者的合作，建立由政府相关部门、金融机构、技术提供商、电网运营商以及当地社区代表组成的联合工作组，共同参与项目的决策和监督，确保各方面的利益得到平衡和满足。

（4）注重人才培养和技术转移，除了依赖外部专家，还应重视本地人才的培养和技术积累。通过组织专业培训、工作坊和现场实操，提升本地工程师和运维人员的技能水平，为项目的长期运维打下基础。

（5）采用先进技术和智能化设备，积极引入智能传感器、物联网技术、云计算和大数据分析等现代化工具，实现对电网状态的实时监测和预测性维护，提高电网的可靠性和运维效率。

（6）建立健全的数据管理体系，确保电网运营数据的准确性、完整性和安全性。采用先进的信息安全技术，如加密、防火墙和入侵检测系统，保护电网免受网络威胁。

（7）在项目建设和运营过程中，采取环保措施，减少对生态环境的破坏。加强与当地社区的沟通，尊重当地文化和习俗，提升项目在社会层面的接受度和支持度。

（8）定期对项目进度、质量、成本和效益进行评估，及时发现问题并调整改进策略。通过设立反馈渠道和投诉机制，收集用户和社区的意见，不断优化服务。

（9）结合当地的气候特征和历史灾害记录，制定详尽的应急预案，包括紧急响应流程、物资储备、抢修队伍的组织和调度等。确保在突发事件发生时能够迅速反应，最大程度地减少损失和恢复供电。

通过综合运用以上建议，可以全面提升配电农网架空线路自动化建设的质量和效率，确保项目能够顺利落地，为农村地区带来长期稳定的电力供应，促进当地经济社会的全面发展。

针对配电农网架空线路自动化建设的改进措施，可以从以下几个具体方面着手。

（1）制定统一的设备和技术标准，确保不同供应商的产品具有互操作性。采用国际认可的自动化设备和通信协议，如 IEC 61850 标准。

（2）实施严格的现场施工监管和质量控制流程，采用现代化施工机械提高工作效率和安全性。加强施工人员的安全培训，确保遵守安全规程，减少事故发生。

（3）利用云计算和边缘计算技术，提高数据处理能力和实时响应速度。部署人工智能算法进行数据分析，实现故障预测、负荷预测和能效管理。

（4）采用光纤通信或 4G/5G 无线网络，提高数据传输速率和可靠性。实施冗余设计，确保关键通信链路在部分故障情况下仍能保持运行。

（5）建立远程监控中心，实施 24/7 实时监控和故障响应机制。

（6）定期组织技术培训和模拟演练，提升运维团队的专业技能和应急处理能力。

第九章 配电农网架空线路自动化建设应用前景与展望

（7）在设计阶段进行环境影响评估，采取措施减少生态干扰。根据当地气候特点和地理环境，选择合适的杆塔结构和导线材料。

通过这些具体而专业的改进措施，可以有效提升配电农网架空线路自动化建设的质量和效率，实现电网的可靠供电、高效运维和可持续发展。

第六节 未来架空线路自动化的发展趋势与创新方向

未来架空线路自动化的发展将侧重于人工智能和物联网技术的深度融合，利用5G通信和无人机进行高效监控和维护，同时采用新材料和先进制造技术延长设备寿命，并探索自愈合电网和绿色能源技术以提升电网的可持续性和韧性。

在基于人工智能的配电农网自动化技术方面，未来的发展将围绕以下几个核心领域展开。

一、负荷预测与优化管理

运用先进的算法，比如时间序列分析和深度学习模型，来预测电网负荷的变化趋势。这可以帮助运营商优化资源分配，平衡供需关系，并制定更为精细化的电网运行策略。

二、自适应电网管理与恢复

结合人工智能和自愈合电网技术，电网能够在遭受外部冲击（如自然灾害）时自动进行网络重构，快速恢复供电。此外，AI还可以辅助进行电网规划，提高系统的鲁棒性和灵活性。

三、机器人自动化运维

开发能够在各种环境下独立工作的机器人，它们可以在不需要人为干预的情况下执行复杂的维护任务,如更换损坏的设备、清理线路上的障碍物等。

四、虚拟仿真与培训平台

通过虚拟现实(VR)和增强现实(AR)技术,创建一个模拟电网环境的平台,供工程师进行操作训练和故障排除练习。这种沉浸式的培训方式不仅提高了培训效率,而且增强了工作人员对复杂情况的应对能力。

五、大数据分析与云计算

通过云计算平台,整合来自各个传感器的海量数据,并运用大数据分析技术提取有价值的信息。这有助于运营商更好地理解电网的运行状况,预测未来趋势,并为决策提供支持。

随着人工智能技术的深入应用,未来配电农网的自动化水平将显著提升,电网的可靠性、效率和智能化水平都将得到极大增强,同时还能提供更加优质的客户服务。

结合绿色能源与智慧农村是现代农业发展的关键方向。太阳能和风能的利用为农村提供了清洁电力,减少了化石燃料依赖和环境污染。智慧农业技术如精准灌溉和智能温室提高了资源利用效率。此外,社区微电网等创新促进了农村经济多元化。政府、企业和研究机构应共同推动这一进程,通过政策支持、技术创新和科研示范,实现农村可持续发展,提升农民生活水平,助力农业产业升级。

在当前能源转型和农业现代化的背景下,配电农网架空线路的发展呈现出明显的专业趋势,具体表现在以下几个方面。

(1)可再生能源集成化,随着分布式能源资源的兴起,架空线路系统将逐步整合太阳能、风能等可再生能源,形成局部的能源自治系统。这种集成化不仅能提升农村地区的能源自给能力,还有助于优化能源结构,减少碳排放。

(2)利用先进的传感器、物联网技术和高速数据通信,架空线路系统

第九章 配电农网架空线路自动化建设应用前景与展望

能够实现对电网状态的实时监控、故障预警及远程控制。智能化技术的引入，大幅提升了电网的运行效率和可靠性，同时降低了运维成本。

（3）通过人工智能和机器学习技术分析历史数据和实时数据，架空线路系统可实现故障预测和维护计划的前瞻性安排。这种预测性维护策略有助于减少意外停电事件，保障农村地区的电力供应稳定性。

（4）研发并应用自愈合电网技术，使得电网在面对故障时能够自动进行网络重构和恢复供电，极大地提高了电网的自愈能力和供电的连续性。

（5）无人机技术在电网巡检中的应用日益广泛，通过搭载高精度传感器进行线路检查和维护工作，无人机不仅提高了巡检的效率和准确性，还显著降低了人工巡检的风险和成本。

（6）新材料与设计创新：新型耐候、耐腐蚀材料的研发和应用，结合优化的线路设计方案，能够有效延长架空线路的使用寿命，减少维护频率，从而降低长期运营成本。

（7）架空线路作为连接能源生产端和消费端的纽带，其智能化升级有助于构建能源互联网，实现能源的高效流动和优化配置。

（8）在架空线路的建设和运维过程中，重视环境保护和生态平衡，采用绿色建材和施工工艺，确保电网建设与环境保护相协调，推动电网的可持续发展。

配电农网架空线路的未来发展趋势将聚焦于智能化、自适应能力的提升，以及可再生能源的有效整合。通过这些措施，旨在构建一个高效、可靠、环境友好的现代化电网系统，以满足智慧农村不断增长的电力需求，并支持农业的可持续发展。

结　　语

　　文以载道，此书却仅作以个人见解与世俗公知，未有专业至理名言，实属惭愧。中国配电农网架空线路始建设于20世纪50年代，晚西方国家约半个世纪，但好在基础知识大体共享，而中国人又多勤奋上进，几十年里建设取得显著成就，为农村经济发展提供巨大帮助。而此书仅为入门指导用工具书，如需深造学习，还请转至其他经典书目。

　　在这本书中，我们探讨了配电农网架空线路自动化技术的发展和应用，强调了配电农网架空线路自动化技术在提高农村电网供电质量、可靠性和效率方面的重要作用，详细介绍了架空线路自动化的发展历程、当前现状、未来展望和国际借鉴等方面，以及如何解决技术挑战、人才培养和标准化等问题。

　　配电农网架空线路自动化建设面临的问题主要集中在资本成本、技术与专业人才培养、地形与环境制约因素、设备维护与更新、信息安全与隐私保护、系统兼容性与集成障碍、政策与法规滞后效应以及用户认知度与参与度不足等方面。针对这些问题，可以采取多种解决方案，包括资金筹措策略、技术人才培养计划、地形适应性设计、维护与更新机制、数据安全与隐私保护措施、系统集成与兼容性方案、政策与法规配合以及用户参与与沟通策略，以确保项目能够顺利推进并实现预期的效益。

　　最后我们展开一幅构建配电农网架空线路自动化的美好蓝图，并提供了一些具体的解决方案和改进措施。其中笔者着重强调了自动化技术在提升电网运行效率、优化能源配置、保护生态环境和提升用户满意度方面的重要作用，还提出了未来架空线路自动化的发展趋势，包括人工智能和物联网技术

结　语

的融合，以及绿色能源与智慧农村的结合。笔者大声呼吁各方共同努力，克服实际操作中的挑战，推动配电农网架空线路自动化建设的顺利进行和长期效益的最大化。

参考文献

[1] 王明邦.架空配电线路防雷设计与应用[M].北京：中国电力出版社，2012.

[2] 国家电网改善人力资源部.农网配电（上、下）[M].北京：中国电力出版社，2017.

[3] 舒印彪.配电网规划设计[M].北京：中国电力出版社，2018.

[4] 中国能源研究会城乡电力发展中心.配网自动化技术与应用[M].北京：中国电力出版社，2020.

[5] 中国电力企业联合会.中国电力工业史（配电卷）（电网与输变电卷）（综合卷）（可再生能源发电卷）[M].北京：中国电力出版社，2021.

[6] 郝建成，孙峰.配电网线损分析[M].北京：机械工业出版社，2022.

[7] 龚静.配电网综合自动化技术[M].北京：机械工业出版社，2023.

[8] 国网安徽电力有限公司经济技术研究院.新型配电网发展规划路径探究[M].北京：中国电力出版社，2023.

[9] 徐瑞.基于增强现实技术的电缆故障定位技术研究[J].光源与照明，2022（2）：192-194.